Yujian Zhenzheng De Ziji

遇见真正的自己

九型人格个人认知与发展密码

孟祥麟◎著

中国财政经济出版社

图书在版编目（CIP）数据

遇见真正的自己：九型人格个人认知与发展密码/孟祥麟著.
—北京：中国财政经济出版社，2013.6

ISBN 978-7-5095-4497-6

Ⅰ.①遇… Ⅱ.①孟… Ⅲ.①人格－研究 Ⅳ.①B825

中国版本图书馆CIP数据核字（2013）第092907号

责任编辑：李　鹤　　　　文字编辑：潘　飞
责任校对：王　英　　　　装帧设计：盛世纳唐

中国财政经济出版社出版

URL：http//www.cfeph.cn

E-mail：cfeph@cfeph.cn

社址：北京市海淀区阜成路甲28号　邮政编码：100142

营销中心电话：010-88190406　北京财经书店电话：010-64033436

北京牛山世兴印刷厂印刷　各地新华书店经销

710×1000毫米　16开　12.5印张　128 000字

2013年6月第1版　2013年10月北京第3次印刷

定价：35.00元

ISBN 978-7-5095-4497-6/B·0016

（图书出现印装问题，本社负责调换）

本社质量投诉电话：010-88190744

反盗版举报热线：88190492　88190446

序　言

遇见真正的自己，从学习“九型”开始

你有没有过情绪失控的经历？你会不会觉得情绪难以把控？你是否知道，当情绪变得很难控制的时候，一定还有其他原因，比如性格。

相信大部分人在面对“你是不是觉得改变性格很难”这个问题的时候会回答“是”。

诚然，性格是一个人内心的某些反应。我们之所以还不知道该如何面对那些改变，是因为每次当我们有什么想法、感觉，或者做什么常规的事情时，就形成一种条件反射，并作用于神经元，这些神经元又与全身的其他神经系统相连，产生作用。事物都有两面性，在相互作用过程中，一定会产生一些不好的、很难改变的情绪，例如，生气、没耐心。但是，九型人格可以帮你重塑性格。

九型人格就是描述9种不同性格的系统，每种性格都有其根源，每种都有不同的思考、感受、行为模式，每种都有不同的侧翼和变化。这也是为什么我们常常会在不同种性格类型中都能看到自己的影子，为什么环境不同我们所表现出的性格就不同。一个平时慷慨大方的人，有时也会变得自私；一个温柔的人也不代表他不具备攻击性。很多人感到不解：为何我们自身的特点如此矛盾？通常表现出来的，究竟是我们最真实的人格类型，还是心中的另一个魔鬼，抑或是我们渴望成为的类型？

为了帮助大家了解真正的自己和他人的欲望，我通过多年学习、总结提炼出九型人格的精华，集结成书，奉献给大家。

全书开篇引入权威性格类型测试，使读者朋友在初步了解自己的基本性格类型后，有针对性地展开阅读。内容共分为两大部分，即初识九型人格和九种人格解码。第一部分由浅入深地介绍了学习“九型”的目的，应遵循的法则，九型人格与其他性格学的差异，并对“九型”起源、翼型、九柱图进行了深入的探秘和解析，全面唤醒读者寻找真正自己的欲望。第二部分根据国际九型研究院的规定，将1～9种性格类型分成三类，即情感三元组、思维三元组、本能三元组。同时，分别详解了在主导性格特征的三元组中，不同性格在三种状态下的基本形态、存在问题、发展方向、亚类型及职场实践应用等。帮助所有渴望遇见真正的自己或想要重新评估自己的朋友，穿透表面的喜怒哀乐，驶入心灵最隐蔽处，找到自己的位置，助你洞察他人真实想法，短时间内有效处理人际关系问题，提升人生的成功与幸福指数！

至于成果，我不想浮夸。还请读者朋友在阅读过程中细细体味。

在这一漫长的创作过程中，我最想感谢的是那些我景仰的当代国际九型人格老师。包括斯坦福大学沟通学（社会心理学）硕士Don Richard Riso，九型人格学院创办人之一Russ Hudson，日本的九型人格学院主管Tim Mclean，国际九型人格学会前主席Cinger Lapid-Bogda，钻石途径的创始者A.H.Almaas，现今九型人格两大主流导师之一的Helen Palmer等等。

可以说，没有他们的栽培，就没有今天的我和本书的诞生，正因如此，我才更有信心在这里对各位说，尽管本书无法带你完整地畅游“九型”知识的海洋，但你从中汲取的养料一定会让你受益匪浅、受益终生！

目录contents

导 读 正确学习“九型”从人格自测开始 1

【Part1 初识九型人格】

第一章 人类，是时候审视自己了！ 9
——透过九型人格理论识别人格类型

- 就算上帝没有注视你也要反省自己 9
- 学习九型人格目的何在？ 11
- 九型人格是如何运作的？ 12
- 九型人格学说和其他性格学的差异 14
- 你究竟属于哪种人格类型？ 15

第二章 寻找历史的足迹，探索未知的自己 18
——九型人格起源探秘与解析

- 迷失在历史中的答案：“九型”起源 18
- 思维三元组是怎么一回事？ 20
- 九型人格侧翼和它的副型 24
- 九柱图中的神秘直线：整合与解离方向 29
- 如何与九个不同型号的人沟通？ 31
- 学习九型应秉承3个法则 36
- 九型人格的成长之道 43
- 九种性格的寓意与本质 46
- 九型性格最应该铭记的谚语 50
- 如何正确利用“九型”认知自我 53

【Part2 九种人格解码】

第三章 第二型：助人型（Helper） 59
——助人者的个人认知与发展方向

· 发现第二型人的人格特征 59
· 当第二型人在健康状态下 65
· 当第二型人在一般状态下 67
· 当第二型人在不健康状态下 70
· 第二型人的发展方向 72
· 第二型人的亚类型 73
【九型应用】假如你是职场中的No. 2 75

第四章 第三型：成就型（Achiever） 76
——成就者的个人认知与发展方向

· 发现第三型人的人格特征 76
· 当第三型人在健康状态下 81
· 当第三型人在一般状态下 83
· 当第三型人在不健康状态下 85
· 第三型人的发展方向 87
· 第三型人的亚类型 88
【九型应用】假如你是职场中的No. 3 89

第五章 第四型：自我型（Individualist） 90
——个人主义者的个人认知与发展方向

· 发现第四型人的人格特征 90
· 当第四型人在健康状态下 94
· 当第四型人在一般状态下 96
· 当第四型人在不健康状态下 98
· 第四型人的发展方向 99
· 第四型人的亚类型 100
【九型应用】假如你是职场中的No. 4 101

第六章　第五型：思想型（Thinker）——探索者的个人认知与发展方向 102

- 发现第五型人的人格特征 102
- 当第五型人在健康状态下 107
- 当第五型人在一般状态下 108
- 当第五型人在不健康状态下 111
- 第五型人的发展方向 113
- 第五型人的亚类型 114

【九型应用】假如你是职场中的No.5 115

第七章　第六型：忠诚型（Loyalist）——忠诚者的个人认知与发展方向 116

- 发现第六型人的人格特征 116
- 当第六型人在健康状态下 121
- 当第六型人在一般状态下 123
- 当第六型人在不健康状态下 125
- 第六型人的发展方向 127
- 第六型人的亚类型 128

【九型应用】假如你是职场中的No.6 130

第八章　第七型：活跃型（Enthusiast）——热情者的个人认知与发展方向 131

- 发现第七型人的人格特征 131
- 当第七型人在健康状态下 135
- 当第七型人在一般状态下 137
- 当第七型人在不健康状态下 139
- 第七型人的发展方向 141
- 第七型人的亚类型 142

【九型应用】假如你是职场中的No.7 144

第九章　第八型：领袖型（Leader） 145
——挑战者的个人认知与发展方向

- 发现第八型人的人格特征 145
- 当第八型人在健康状态下 149
- 当第八型人在一般状态下 151
- 当第八型人在不健康状态下 153
- 第八型人的发展方向 155
- 第八型人的亚类型 156

【九型应用】假如你是职场中的No. 8 158

第十章　第九型：和平型（Peacemaker） 159
——和平者的个人认知与发展方向

- 发现第九型人的人格特征 159
- 当第九型人在健康状态下 164
- 当第九型人在一般状态下 166
- 当第九型人在不健康状态下 168
- 第九型人的发展方向 170
- 第九型人的亚类型 172

【九型应用】假如你是职场中的No. 9 174

第十一章　第一型：完美型（Perfectionist） 175
——改革者的个人认知与发展方向

- 发现第一型人的人格特征 175
- 当第一型人在健康状态下 179
- 当第一型人在一般状态下 181
- 当第一型人在不健康状态下 182
- 第一型人的发展方向 184
- 第一型人的亚类型 185

【九型应用】假如你是职场中的No. 1 187

后　记　感恩宇宙，感恩九型，感恩老师 188

导 读

正确学习“九型”从人格自测开始

在开始自测前，首先要说明一点，九型人格测试的主要作用是帮助我们了解个人的行为习惯。每道测试题的答案以及最终测试结果往往没有好与坏之分。并不是说你的性格偏向于六号或九号，你的性格就不好。九型人格反映了个人的个性特质以及你对待自己和他人的态度。我们在开篇做自我测试的目的也是为了让你更有效地了解自己的性格和优缺点，这样在阅读本书时就可以有针对性地着重了解与你自身性格特点有关的内容，当然你还可以补充性地了解其他型人格，及早知道他人是如何看待你的，以及不同性格的人在人际关系中又是如何互相作用的。

此份问卷共有36题，请选择你认为最恰当或最接近描述自己的性格行为的句子。最终得出的结果是九型人格中你最倾向的基本形态。深层次的了解之旅，赶快开始吧!

测试题：

1. 我喜欢服务他人，他人的请求对我来说是很重要的。（A）

   怎么看待一件事以及知道怎么做，对我来说是重要的。（B）

2. 我总是不自觉地陷入困扰中。（A）

   我总会主动想办法放轻松以解决困扰。（B）

3. 我一直认为自己是个平易近人的随和之人。（A）

   我一直认为自己是个严肃、自律的人。（B）

4. 我喜欢认识各种各样的朋友并喜欢社交场合。（A）

我非常厌倦与陌生人交往，对社交场合一点都不感兴趣。（B）

5. 我总是难于做出每一个决定。（A）

做决定对我来说从来都不是什么难事。（B）

6. 我一向乐于帮助他人，为别人付出，并且喜欢与人为伴。（A）

我一向非常严肃、克制，但很喜欢提问和讨论问题。（B）

7. 总结新经验时，我总会问这对我是否有用。（A）

总结新经验时，我总会问这是否能带给我乐趣。（B）

8. 我认为成为各种情况的主导是我的长处之一。（A）

我认为描述各种内心的状态是我的长处之一。（B）

9. 简而言之，我很天真，也很能放得开。（A）

简而言之，我很机警，做事也很谨慎。（B）

10. 我觉得做每一件事都有很多种方法。（A）

我认为做每一件事只有一种最好的方法。（B）

11. 利用现有资源并展开计划是我的主要长处。（A）

提供思路，让众人感到兴奋是我的主要长处。（B）

12. 因为我有强烈助人的欲望，导致我的健康和幸福成了受害者。（A）

因为我有强烈助人的欲望，导致我的人际关系不佳。（B）

13. 我很容易睡眠。（A）

我总是沾枕头就着。（B）

14. 我做事时总是没有足够的信心，不够果断。（A）

我做事时总是自信满满，能当机立断。（B）

15. 朋友信任我是因为我有足够的信心和能力让他们信任。（A）

朋友信任我是因为我总是能做正确的事，且很公平、公正。（B）

16. 我很在意自己的情感，并且喜欢让这种感觉持续下去。（A）

我不会很在意自己的情感，也不会太注意它。（B）

17. 我总觉得自己很被动，做事不够投入。（A）

我总觉得自己的支配欲和操纵欲很强。（B）

18. 综合来看，我做事是有条理且谨慎的。（A）

综合来看，我很容易被刺激，并且心甘情愿去冒险。（B）

19. 我喜欢帮助他人，并且帮助他们纠错。（A）

我习惯和他人保持一定的距离。（B）

20. 我已经为他人提供许多人文关怀。（A）

我已经为他人提供许多方向。（B）

21. 我以自己的毅力和掌握的常识感到骄傲。（A）

我以自己的创造力和创新力感到骄傲。（B）

22. 从大体上看，我善于社交，是个外向之人。（A）

从大体上看，我懂得自律，是个认真之人。（B）

23. 就算对方没有提出要求，但我觉得他有需要就一定会主动帮助。（A）

如果对方没有向我提出要求，我通常不会主动帮助他们。（B）

24. 所有能够引发情绪动荡的事件都会吸引我注意。（A）

所有令我感到平静、舒服的情况都会吸引我注意。（B）

25. 我的想法通常很具有冒险性。（A）

我的想法一向都切合实际。（B）

26. 我喜欢驾驭并支配他人。（A）

我喜欢被他人重视。（B）

27. 大难当头，我有能力解决。（A）

大难当头，我总是安慰自己。（B）

28. 我做事一向凭直觉，喜欢我行我素。（A）

我做事向来服从组织，肯负责任。（B）

29. 我总是过于侵犯他人领地，以至于人际关系出现困扰。（A）

我总是逃避他人的接触，保持沉默，以至于人际关系出现困扰。（B）

30. 我一向非常自信，且不怕与任何人作比较。（A）

我一向非常自卑，且不喜欢和他人作比较。（B）

31. 我喜欢并习惯活在自己的世界。（A）

我喜欢让整个世界听到我的声音。（B）

32. 我常常感到紧张不安。（A）

我常常感到愤怒、缺乏耐心。（B）

33. 我向来以自己在他人世界扮演的角色为傲。（A）

我向来以自己能接受的开放程度为傲。（B）

34. 我一向很乐观，且容易在受挫后恢复自信。（A）

我常常多愁善感，情绪化。（B）

35. 我很享受将自己置于领导地位。（A）

我很讨厌坐在领导的位置，宁可让他人代替。（B）

36. 我向来专注且颇有激情。（A）

我向来都能自发做事，因为我喜欢享受玩乐的过程。（B）

计分方式：

下表中，每行A/B选项所在的位置即代表你更倾向于九种性格中的某一种形态。例如，问题1的A选项在2号下面，就代表这个答案反映出你的性格更倾向于九型中的2号人格，以此类推。先选出每道题目的答案填写在下表中，并垂直将所选答案的总和加起来，最终得出的前三项最高分则代表你的基本性格形态。

Q	1号	2号	3号	4号	5号	6号	7号	8号	9号	Q
1		A			B					1
2				A			B			2
3	B								A	3
4			A		B					4
5						A		B		5
6	B	A								6
7			A				B			7
8				B				A		8
9						B			A	9
10	B		A							10
11							B	A		11
12		A		B						12
13					A				B	13
14			B			A				14
15	B							A		15
16				A	B					16
17		B							A	17
18						A	B			18
19	A				B					19
20		A						B		20
21				B		A				21
22	B						A			22
23		A	B							23
24				A					B	24
25					A	B				25
26			B					A		26
27							B		A	27
28	B			A						28

续表

Q	1号	2号	3号	4号	5号	6号	7号	8号	9号	Q
29		A				B				29
30			A						B	30
31					A			B		31
32	B					A				32
33		A					B			33
34			A	B						34
35								A	B	35
36					A		B			36
小计										

Part 1 初识九型人格

第一章

人类，是时候审视自己了！

——透过九型人格理论识别人格类型

·就算上帝没有注视你也要反省自己

18世纪英国最伟大的诗人亚历山大·蒲柏在其著作《人论》中提到：“反省自己，即使上帝没有关注你……人类最应当审视的就是自身。”这句话让我深深地意识到，实际上我们并不了解身边的人，因为我们还不曾深刻地了解真实的自己。譬如在学生时代，有时你很难理解自己和他人的言行，为此感到不安或奇怪，面对很多事都不知所措，十分迷惘。步入社会、走上工作岗位后亦如此，你常常不清楚自己在做什么、目标是什么，也不管你现在是老板，还是处于管理者的位置或是身为一名普通员工，你一定会时不时地因为一些人、一些事感到沮丧或愉快，而这些情绪如果处理不好很可能对现在或未来造成不好的影响。你费尽心机了解自己，和周围的人交流，努力破解人类性格中的密码，却收效甚微。

从古至今，关于属相、性格、血型、星座等破译人类性格的方法不少，或多或少我们也都略知一二，只是似乎感觉有些可以信，而有些却不能信，总觉得少了些科学依据，具体的分类方法也没有很好地解答内心的疑惑——江山易改，本性真的难移吗？为什么我明明把工作做得很到位，却总是被上司责骂？为何有的员工屡教不改、难以成长？为什么有些人总是给他人带来困扰和伤害？

要想找到问题的答案，就要时常自我反省，想想到底是哪种性格特点促使你或者他人变成现在这个样子。可问题来了，怎么反省呢？世界上没有两片相同的树叶，每个人的性格与生俱来都是独一无二的，倘若勉强将其往属相、星座上靠似乎并不科学。但如果一味地追求理论研究，虽然在某种程度上能够帮助你识别性格类型，可学术化的东西始终难以运用到实际生活中。

人格所覆盖的领域是非常广泛的，如果你能找到一种工具，帮助你解释清楚你是谁、将要到哪里去等问题，那么，你便不会迷失人生的方向，更加了解自己和他人。那么，我们怎样才能获得自我感知的力量，破译性格密码？解开这个谜并不难，我们可以透过九型人格识别人格类型。

虽然九型人格的体系如同诸多心理学理论一样看上去很古老，但它的现实意义却不可估量，因为任由时代如何变迁，人性是始终不变的。可以说，九型人格是传统智慧与现代科学理论的完美结晶。

戴维·丹尼尔斯和拉斯·哈德森利用九型人格图来表达九种人类的主要性格特征和彼此间的相互关系，它还具体阐释了九类主要性格类型以内的附属类型和变化趋势，总之，学习九型人格不仅可以清楚自己的性格，做到时刻反省自我，还可学会与不同性格的人相处。一则商业报道中说“全世界的治疗师、商业顾问、人力资源总裁和属灵的追寻者均发现九型人格对自我认识和个人成长是非常有用的，九型人格不仅教你认识你是属于何种性格类型，并且可协助你内省和看到自己的限制和超脱性格的限制。

简单来说，九型人格系统来自三大最基本的人格类型，而每种类型又包含着一个三元组，即情感三元组，思维三元组和本能三元组，它们在某种程度上反映了一个人的心理取向，而九种人格类型就蕴藏在这些三元组中。首先，情感三元组包括2号助人型（占有欲强，善于激励和说服他人）、3号成就型（注重形象和实际效果，有远大抱负）、4号自我型（比较敏感，喜欢自我陶醉，容易意志消沉）；思维三元组包括5号思想型（理智、知性、喜欢挑战）、6号忠诚型（毫不犹豫地负责，可委以重任）、7号活跃型（活跃好动，过度享乐和自我放纵）；本能三元组包括8号领袖型（勇往直前，有些自负自大）、9号和平型（随和，容易满足的乐天派）、1号完美型（讲究秩序的理想主义者）。

通过上述简单的介绍，想必你已经从中发现了自己所属的人格类型，即使没有找到也不要紧，这仅仅是个开始，接下来我们还会继续进行深层次的学习。

当然，与其说想要利用九型人格理论破译他人性格特点，不如说是为了更好地了解和发展自己，毕竟在这个世界上，没有人拥有“上帝之眼”，即使你学习了心理学，学习了九型人格理论，也没有十足的把握了解人性的全部内容。这也是为什么人总是无法百分之百地看清自己的原因之一，但是过程往往比结果更重要，在不断追寻答案的过程中，你将摆脱痛苦，在渐渐遇见真正的那个自己的同时更好地超越自我，塑造更卓越的自己！

学习九型人格目的何在？

常常有人问我：为什么要致力于九型人格的研究？这个问题我也曾思考过无数次，其实，在研究九型人格的过程中，我亦获得了些许启示，打个比方，学数学必须从识数开始，孩子们首先要知道一二三四五六七八九十这十个基本数字，然后再学百千万亿兆等等。数字在中国文化中有独特的地位，中国文化将一、三、五、七、九这些单数称为阳数，又叫刚数，将二、四、六、八、十这些双数称为阴数，又叫柔数。古人有一句话叫“刚日读经，柔日读史”，所谓刚日就是逢单数的日子，柔日就是逢双数的日子。中国的传统建筑，其柱头台阶的数目都分阴阳。如紫禁城中，皇帝君临天下的前殿，柱头台阶一般都是九根九级，皇后起居生活的后宫，柱头台阶一般都是六根六级。古代规定给天子磕头磕九个，给孔子磕头八个，给父母磕头一般是三个。《易经·系辞》又将一、三、五、七、九称为天数，二、四、六、八、十称为地数，天数相加等于二十五，地数相加等于三十，天地之数合起来是五十五。而一是万物之始，故而中国第一部文字学著作《说文解字》就将“一”字放在第一。《说文解字》讲：“唯初太始，道立于一，造分天地，化成万物。”意思就是说万物形成之始，道建立了“一”，就是这个“一”，分出了天地，变化成了万物。“道立于一”出自老子的《道德经》：“道生一，一生二，二生三，三生万物。”“一”在中国文化中具有特殊的意义。而“十”是数的终结。“十”字的一横表示东西，“十”的一竖表示南北，东西南北贯通就表示圆满。

当然，学习九型人格的最终目的就是学习运用九型人格，学会将不同人格进行对比，找到人格的优点和缺点，在实践中不断的改正缺点，强化优点。俗话说：学以致用。学习九型人格就是为了完善自身的人格，更快的成长和获取成功，并使人格趋于完美。

九型人格是如何运作的？

九柱图是九型人格符号体系的核心，又被称作“九芒星图”，是九型人格学说的主要模式。它是用一个圆，一个等边三角形及一个奇异六边形在圆周上标注出了九个点，总结出九种不同的人格类型，并按照阿拉伯数字进行排序，用以解释和探索人内心最深层次的价值观，九柱图是研究九型人格时用到的基本图形。

九柱图的神秘和魅力就在于它的每一处设计都是有隐喻的：圆形代表的是广阔的资源和能力，暗指人格的表现形式和成长方向并非完全不变，可以利用一切资源修正自己，最终达到性格上的整合和相对完美。等边三角形的三个顶点分别代表天、地、人，最上方的“天”意指上天的赐予，比喻人格的先天性，同时平行的“地”和“人”则说明后天的影响和自身的选择。关于六边形的争论则相对多些，但基本上都认同它所代表的是不断的变化和没有终结的非常态。

九型人格正是利用九柱图的分类方法将人格分为了九种，分别是改革者、付出者、成就者、个人主义者、探索者、忠诚者、热情者、控制挑战者、和平主义者。从最上方靠右的顶点依次排序，把人格分为1到9号，每一个数字都代表一种人格类型，不同的性格也都有自己的典型特征，而且会利用九柱图本身的结构去揭示人格的反应类型：顺向箭头是指压力状态下的性格反应类型，逆向反之，代表轻松状态下的性格反应类型，即最佳状态；同时，九柱图中的箭头也为这一类型的成长进步指明了方向。比如，8号人格在顺向的指示是2号人格，就是说这种人格类型在无压力的轻松、愉悦的状况下会表现出2号人格所特有的特征，其最佳表现也与2号人格类似；如果8号人格想要进一步提升，就需要从2号的顺向反应类型中借鉴某些特质。而当面对压力时，8号人格就会出现5号人格具有的特质，并且很有可能在重压之下逐步向5号人格靠拢，性格表现上也会越发地接近5号，生成一种全新的人格，但内里仍保持有8号人格的基本特征。归根结底，人本身所隶属的人格类型是绝不会改变的。

九型人格利用九柱图中奇特的几何关系，深刻地揭示了各种人格类型中的内在联系。其中所传递的一个重要信号就是人格的表现形式并非一成不变，在各种外部环境和个人感受的刺激下，人格反应会出现区域性的改变。正如三角形中的“天、地、人”一样，最终的资源利用和整合虽然不会改变天赐的人格，却能改变入世后的行为。

九型人格学说和其他性格学的差异

性格的分类方法有很多，比较为人所知的就是星座与性格、属相与性格，还有血型与性格、色彩与性格、数字与性格等等，由于具有丰富的趣味性和游戏性，因此很受青年朋友的欢迎，而且他们极为相信这些性格学说的论断；但是九型性格学说与前面的这些性格分类法都有所不同。

心理学界有个统一的共识，就是每个人都会根据自身的感受去过滤自己的见闻，并根据这份感受去诠释它们。九型人格学说其实就是建立在了这些感受上面：生活在社会中的我们都会拥有其中一种感受，把它当成是大脑的“过滤嘴”，从而把我们的一生的经历都隐藏在心底，默默地保护着我们从呱呱坠地起就已经存在的神性。

九型人格就是建立在研究这种“内在神性”的基础上。虽然人格会随着成长共同发展，但我们的本质始终不会改变，反而会从自我救助出发不断修改外形，直到形成一个属于自我的意识，从这个意识中迸发而出的观点都带有强烈的主观色彩，不但影响了我们的价值观和世界观，也会直接影响人的本体，成为自身行动的基础。所以九型人格与其他性格学说最大的不同就在于把立足点直接建立在了人的性格本质上，把性格同人的一切社会行为和自然行为有机地结合起来，相信性格能给予的力量和对人自身的作用。这是与其他通过与某个概念实体桥接而衍生的性格分类方法的最大不同。

大部分的性格学在分类上都比较注重人外在的行为特征，也就是十分关注表象。相比起来，虽然同为人格心理学，九型人格更具有实际应用价值；它始终探索人的核心价值取向和关注焦点，不断探究人的思维模式和行为模式，直接从内心寻找引发问题的根本原因。没有选择“一粒沙中看世界”的以小见大，而是不断地随着人格本身的变化而变化。打个比方：培训中心招新时有个求职者前来应聘，他在自我介绍时称自己是狮子座，所以对工作拥有无以伦比的激情和如火如荼的性格，但心理问卷的测试结果却显示他更像拥有6号“忠诚型”人格，后来的工作也证明这个职员工作勤勉，十分可靠。然而，若是再按星座上的分类来看的话，他应当是金牛座——难道出生日期有假？可见，九型人格对性格的探索还是相对更准确一些，也更加实用。

世上没有两片相同的树叶，人格同样没有完全相同的表现形式，同一人格类型的人在表现性格时的反应肯定有差异存在，九型人格没有刻意忽略这些反应，而是倾向于从这些差异入手去探究最本质的人格，不借助外部物质，也不偏重来自个人感官的信息，因为九型人格始终相信：人的核心价值观永远不会改变。

你究竟属于哪种人格类型？

“人缘”是种很奇特的人际关系，它可以把相识没有多长时间，了解并不深刻的人紧密联系起来，让他们亲如一家，这种信任是经过简单了解就可以出现的。但与此同时，因为人缘好坏而产生的副作用也开始显现，而且看起来很糟糕。企业中总会有这样几个老好人，为同事和工作劳心劳力，很受大家依仗，但在需要他们作出明确决定的时候，这些人会变得畏首畏尾，不知道如何应对，到最后做成一团乱麻。相反的，有的人对原则的执着几乎可以用“癫狂”来形容，他们不愿意屈从于任何人情和“事出有因”这样的理由，对规则的狂热完全超出正常需要，而当这种看起来不懂变通的人一旦在事务中与人发生摩擦，就会很容易结怨，与同事或者上下级出现矛盾，甚至连礼貌上的友好都无法保持。而当矛盾逐渐升级为冲突的时候，他们的问题也就成为企业的病症了。

不同的人格之间并不存在排斥性，但是人格会决定不同类型的人思考问题的方式有所不同。比如老好人，他们是以情感为主导的人格类型，所有的逻辑和行为都是依据自己的感受和主观判断为出发点。尽管不可能对原则不屑一顾，却始终把自己的注意力放在配合别人的想法上；别人或许会感到很温暖，但时间长了就会养成依赖，过分信任这样的同事，结果就可能导致对方的倚赖性泛滥。

和老好人相比，原则性强的人大多很严肃，而且喜欢批评别人。他们对工作尽心尽力，对同事和领导、下属尽心尽责，但对他们犯下的错误绝不姑息，有着与生俱来的道德优越，认为自己必须是一个完美主义者。上研究生的时候，我的指导教授就是这种视原则为一切的人，他可以对我论文中的某个理论依据写出长达三页的分析和修改意见，也可以因为某个字显得潦草而劈头盖脸地把我训上两个小时。他虽然是个好的导师和学者，但在学院里无疑被所有人都当做老学究和刺儿头，我们这些研究生对他也是又敬又怕，担心一个不留神就会被他叫走批评。然而，即便如此招人嫌，我的导师依旧能以七十高龄坐在学院的头把交椅上，这就是完美主义者的能量：他们的眼中容不下一切不认真的事情，这些东西对他们而言就是“堕落”的代名词；因为有原则，他们在企业中不招那些投机取巧的人善待，却无疑是最负责的员工。

在我看来，这两种人格其实是企业健康运营最需要的动力——具有弹性的工作方式和坚不可摧的制度框架。所以不要嫌老好人和稀泥，也不要看讲原则的人不顺眼，因为他们的最终目的其实都是一样的：让所有人都过得更好。

第二章 寻找历史的足迹，探索未知的自己

——九型人格起源探秘与解析

迷失在历史中的答案：“九型”起源

九型人格理论的历史及来龙去脉已无从考证，除非我们将九型人格的符号与九型人格理论分别进行研究。

九型人格的符号是古旧的，可追溯到毕达哥拉斯时代，甚或更早的时期；九种性格的概念植根于多种传统的教学方式，九型人格理论则是现代学者的努力成果。

九型人格的符号是1900年左右引进至西方，奥斯卡首先将九型性格的教导与其图形互相结合，并阐明每种性格的主要特质，相关专家将其发扬光大，提出搜集九型性格特质的核心方法并将九型性格特质详加阐释，包括九种内在发展的层次以及每种性格特质的“内在逻辑”。

1. 三位异人和一个世纪

之所以称之为异人，是因为这三个人——Gurdjieff，Ichazo，Naranjo都有着异于常人的经历和智慧，他们是“真理追求者”，也是九型人格诞生的功臣。

Gurdjieff（下文简称G），“恒动力量”理论的奠基人，虽然这套理

论没被正式应用于性格形态的分类，但G提出“每种性格都有其心中的执着与障碍”。他认为，被自己的性格所束缚失去与“真我”的联系，只知道左闪右避补偿内在的缺陷，久而久之，失去了真正的自我。这是九型理论诞生的雏形。

Ichazo（下文简称I），进一步将性格的基本形态分为不同的类型，形成了性格论和类型论，最终形成我们今天所知的九型模板。

Naranjo（下文简称N），对于九型理论的形成起着承前启后的作用。他既吸收了前人得来的九型知识，又及时地将这些知识应用于实践，传播开来，并在其心理咨询的相关授课中不断展开九型的讲授，使九型理论的影响力得以彰显。

2. 一个错误的决定?

一个世纪之后，九型的传播规模不断扩大，从教会到修会再到学校。直到1971年，教会的一名教徒Don作出了一个重要的决定——离开教会，潜心研究九型理论。当时，很多忠实的教徒认为他疯了，而如今，事实证明这并非一个错误的决定。在九型理论的众多研究者中，他后来成为了卓然大家，并且是最多产的一位。对于Don，或许实现心中的理想是一件光荣的事，而对于今天万千九型理论的读者而言，却是一个惊喜!

3. 官司连连

伟大学者从来不缺少新奇的观点，然而最终形成一套系统理论的却很少。就像造物主在创造人的同时，也给了人类不小的考验，一个理论或系统的诞生往往要历经磨难。

从加州到芝加哥，从斯坦福到普林斯顿，从天主教到基督教再到佛教、犹太教，以至全美国、全世界。有多少人相信九型理论的科学性，就有多少人想方设法要推翻这一新生的事物。

不被信任，版权纠纷，官司连连，九型学者们的压力无处不在。每天在处理各路官司的同时，还要坚持己见，传播九型理论。其中，学者Arica还因不被授予版权败了官司，可谓祸不单行。

4. 人人都以为 Arica 会就此罢休，人人都错了！

就在人人都以为 Arica 会就此罢休的时候，大家都错了！不久，Arica 就提起上诉，而上诉结果令人欣喜，并非一面倒，法庭认可并可以授予版权。但同时，法庭亦表明，他所引用的一切客观事实是无从获得版权的。

至今，依然有不断质疑九型理论的声音。可以肯定的是，新事物一定会取代旧事物的发展，只是在达到量变、引起质变的过程中要经历太多的考验！而今，九型能被逐渐接受、认知、认可，或许这就是对曾经为它甘于付出的人们最好的嘉奖！

思维三元组是怎么一回事？

在九柱图的九种人格类型里面，每个人都拥有这九种人格，只不过其中有一种占主导地位能够准确地描述你的性格特征。

这种人格类型就被称为你的“基本人格类型”。“基本人格类型”的形成有先天的遗传因素，有你成长过程中所处的周遭环境的影响，还有父母亲及家庭环境的影响。

“基本人格类型”有如下几个特点，这些特点对于你真正理解并运用九型人格有很重要的作用。

第一，一个人的基本人格类型不会改变。每个人都是独一无二的，即使你在某时、某地在行为层面有所改变，但是你的基本人格类型却不会改变。

第二，“男女平等”，九种人格型态普遍适用于所有的男性与女性。

第三，对某一种人格型态的描述并不适用于某一个人。每个人都会处于健康状态、一般状态、不健康状态的某一点。如果你正处于不健康状态，那么其他两种状态的描述便不适合于你。

第四，以1～9来标明人格型态的原因是，数字是中性的、不偏不倚、不带任何色彩的标记。数字的大小并不代表好坏之分。

第五，没有哪一种人格型态比其他型态优越，每一种人格类型都有其限制，但同时也都有其特长，重要的是发挥你的特长，所谓“扬长避短”。

另外，在我们学习、掌握九型人格过程中，要注意别把九型人格当作谈资笑料或者饭桌上的游戏。接受自己及他人都是不完美的，善待自己的人格，找到整合及修炼方向，观察自己，宽厚、包容待人。别把自己属于几号当作不进步的借口。

学习九型人格先从“九型人格图像”开始，请看下面这张图：

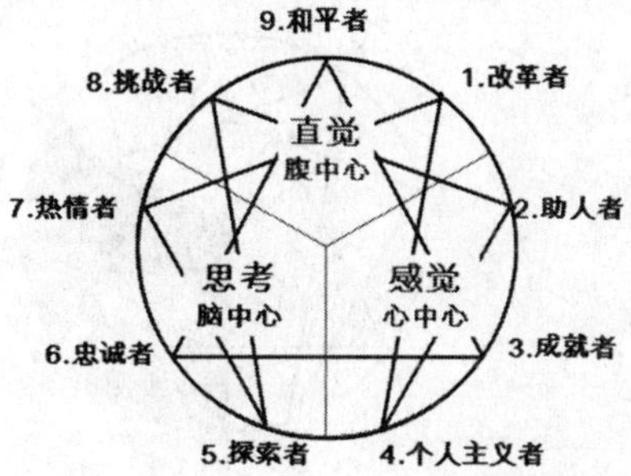

图2–1　九型人格图像

九型人格图像的最简单分类，就是把九种型格分成三类：直觉组、感觉组、思考组。

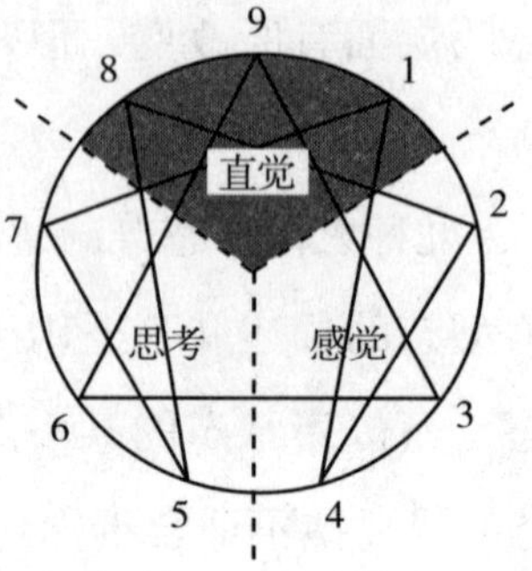

图2-2 “直觉组”型格

1. 直觉组

第八型挑战者（也称保护者、权利型、主张者、领导者）、第九型和平型（也称和谐型、和平追求者、调停者、和事佬、调节者）和第一型改革型（也称完美主义者、爱秩序型、改革者）归类为直觉组，在这三种侧重“关系”的人格类型里面，第八型过分发展自己与周遭世界的关系，自认为比其他人伟大；第九型则试图远离与环境的关系，不承认自己是独立的个体，转而认同他人，依赖他人；而第一型则没有完全发展处理环境的能力，他们老是觉得现状未尽理想，永远在努力奋斗，追求完美。

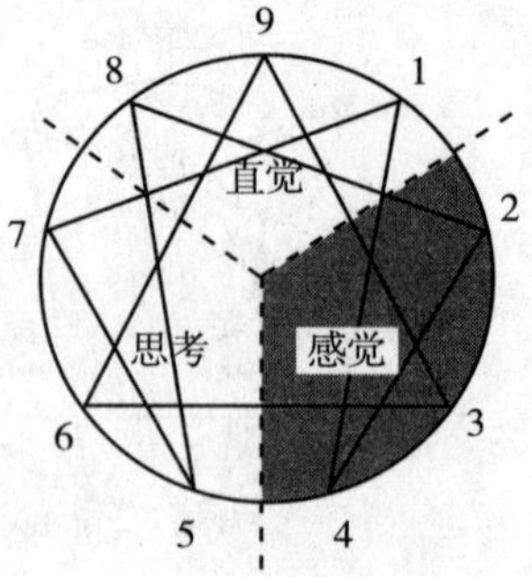

图2-3 “感觉组”型格

2. 感觉组

第二型助人者（也称给予者、协助者、博爱型）、第三型成就型（也称动机者、实现者、追求成功型、实干者、精英型）及第四型个人主义型（也称艺术型、浪漫主义者、独特型）则归类为感觉组，在这三种侧重“情感”的人格类型里面，第二型情感发展过度，只表达自己的正面情绪，而抑制自己负面情绪的展现；第三型则远离自己的情感，隐藏真实情绪，塑造另外一种面孔展现在世人面前；第四型则嫌自己的情感表露不够充分，常常通过某种艺术形式或热情的生活方式来表达自己。

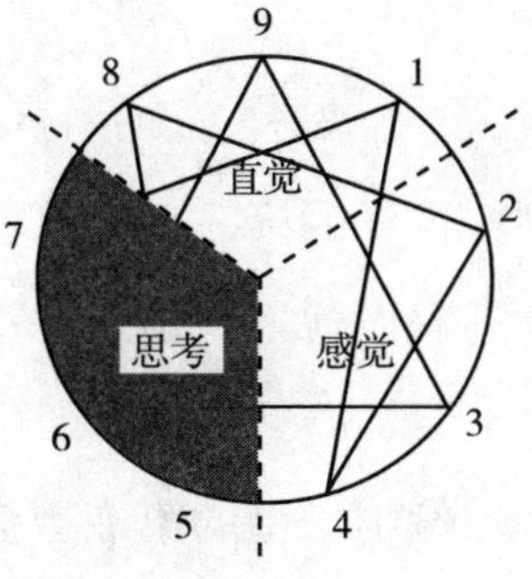

图2-4　“思考组”型格

3. 思考组

思考组由第五型探索者（也称观察者、智能型、知识型）、第六型忠诚型（也称怀疑论者、谨慎型、爱权威型、质问者）、第七型热情型（也称丰富型、冒险者、快乐型）组成。第五型行动能力发展不全，常常以思考代替行动，经常沉迷于愈来愈复杂却日益封闭的思维活动之中；第六型则不敢正视自己的行动能力，除非权威人士认同，否则不敢轻举妄动；第七型行动能力过度发达，常常失去控制。

九型人格侧翼和它的副型

1. 九型人格每个性格的侧翼

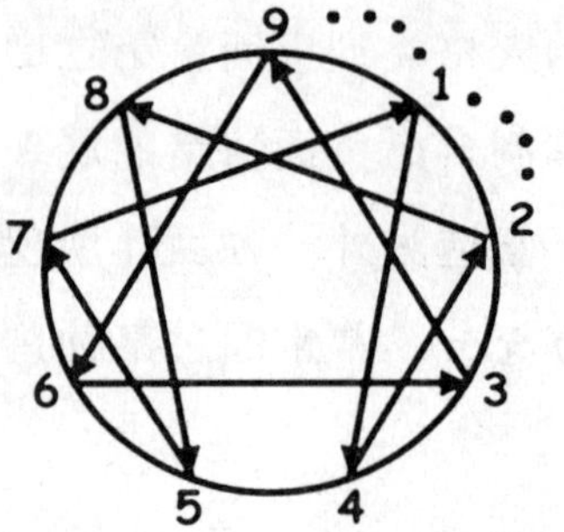

图2-5 一号的侧翼

偏第九型的第一型：这样的第一型很可爱，他们会比较随和，没有那么严肃，不会随便地迁怒于他人，他们会很放松，悠闲地享受生命带给他的乐趣。

偏第二型的第一型：偏第二型的第一型会很热心地帮助别人，但也会强迫别人接受他认为好的模式或标准，这时就会变得以自我为中心，失去理性。

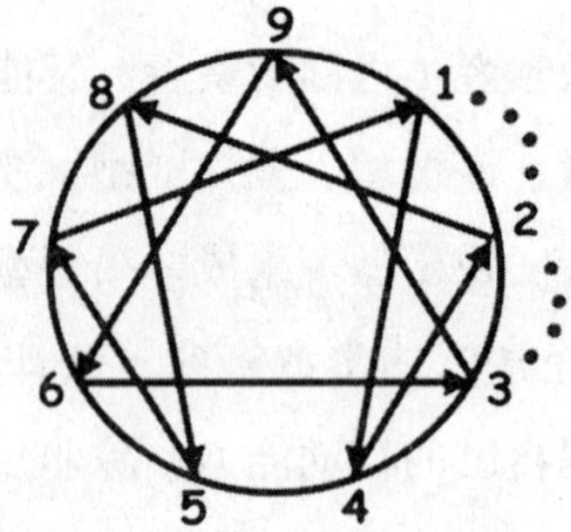

图2-6 二号的侧翼

偏第一型的第二型：此种人会比较理性，有彻底的、细致的计划，比较有条理，有较清晰的目标，具有第一型理想主义及客观中立的特质，不过他们也带有第一型那种刻板、挑剔、原则性强、不乐观的特性。

偏第三型的第二型：这样的第二型会变得较为活泼和爱表现，愿意接受别人的帮助，但同时也会带有第三型的自我中心及善于经营的个性。

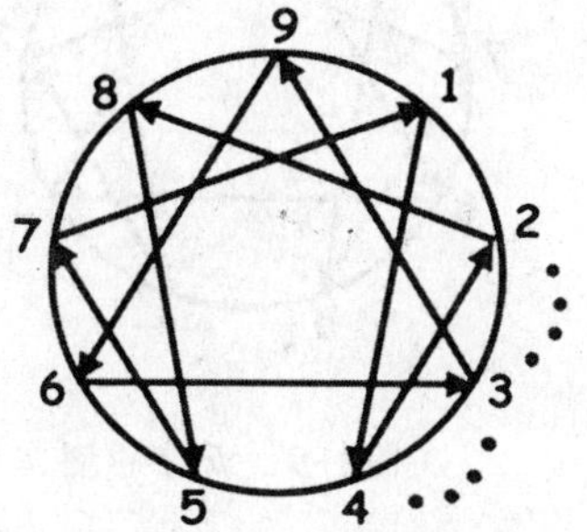

图2-7　三号的侧翼

偏第二型的第三型：这样的第三型人物很可爱，他们会不那么爱出风头，愿意帮助别人，感受他人的感受。

偏第四型的第三型：这类的第三型具备第四型那种灵感及创造力，也具有内向、沉静、敏感、情绪化的特质。

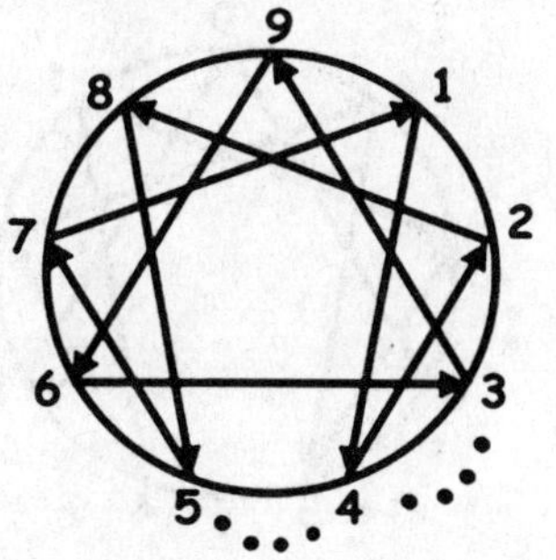

图2-8　四号的侧翼

偏第三型的第四型：第三型的活力、外向、目标感强使得第四型变得走出个人的情绪，注意自己的形象及社会共同的规则，也变得更有雄心壮志。

偏第五型的第四型：第五型的内向，富有创意，使得第四型变得需要私人空间，创新但会不切实际。

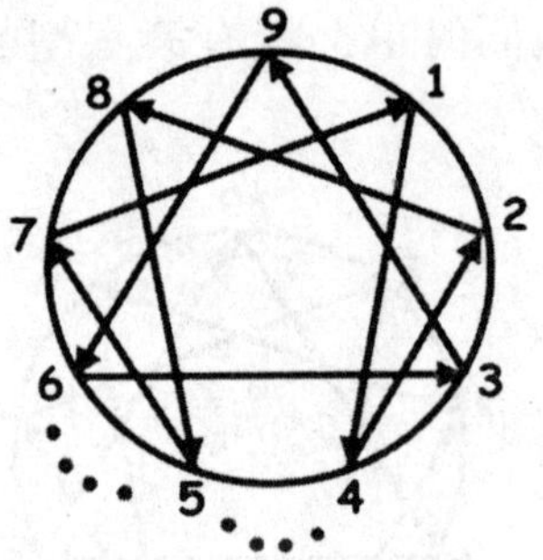

图2-9　五号的侧翼

偏第四型的第五型：接近第四型的第五型会变得有想象力，比较感性，忧郁并富有艺术气质。心理学家弗洛伊德和荣格即属于此类性格。

偏第六型的第五型：这样的人会很理智，分析能力很强，重视团队，务实，但也有爱怀疑、过分担心的第六型特质。

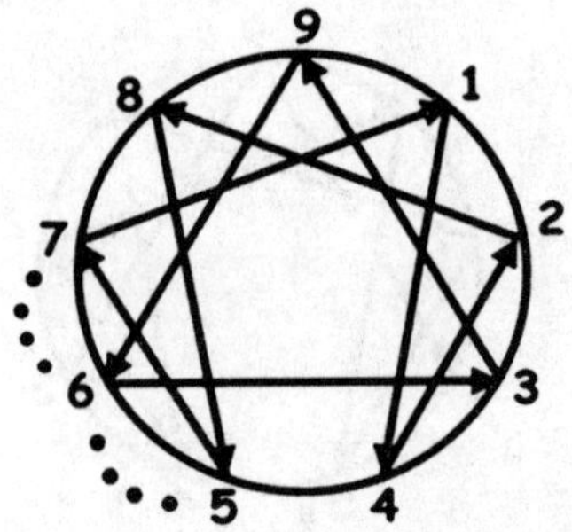

图2-10　六号的侧翼

偏第五型的第六型：因为倾向于第五型的客观、冷静、严肃，他们比较不会那么盲目崇拜权威，但容易变得内向、猜疑、自大且富于攻击性。

偏第七型的第六型：这样的第六型比较爱着急，能感觉到谁是他事业上的贵人。

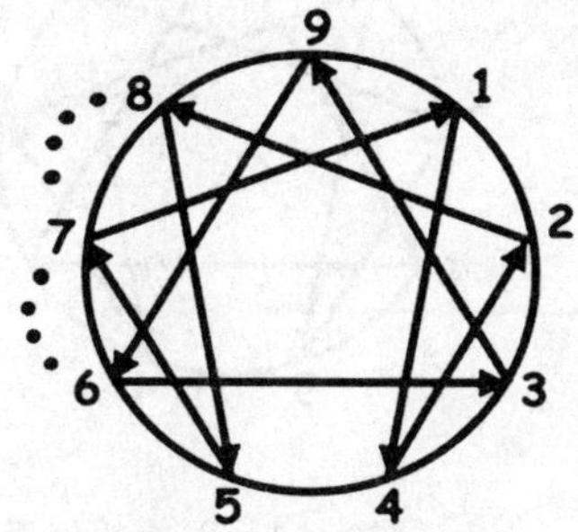

图2-11　七号的侧翼

偏第六型的第七型：比较注重团体的利益及协作精神，能够更多地顾及他人感受，更加尽责，但也会有更多的担忧、焦虑。

偏第八型的第七型：此类人更看重权力，更喜欢操控别人，具有第八型粗暴、缺乏耐心的特质。

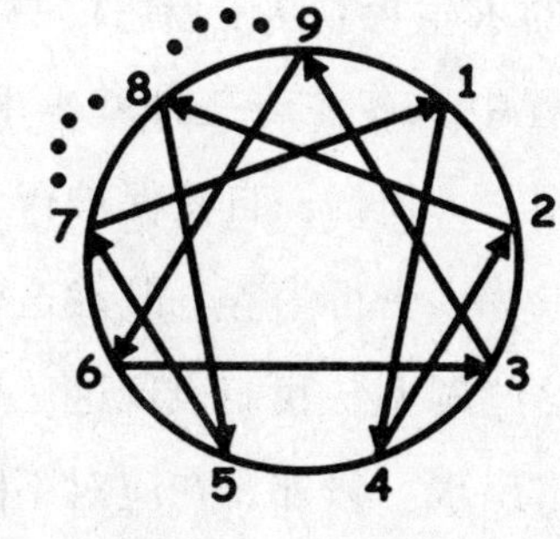

图2-12　八号的侧翼

偏第七型的第八型：这种人将成为九种型格特征中的最有意志力及最有冲劲的人。他们精力旺盛，善于抓住人心，有强烈的成功欲望，爱冒险，更有主见。

偏第九型的第八型：这类人变得很受欢迎，他们很有同情心，喜欢支持并体谅别人，大度、宽厚、有耐心。

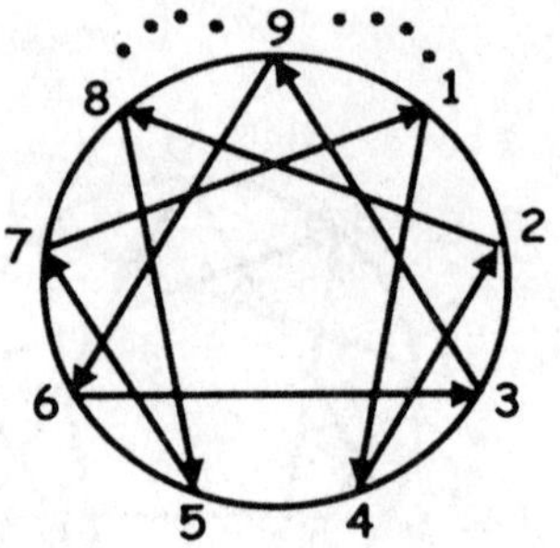

图2-13　九号的侧翼

偏第八型的第九型：这样的第九型会变得没有那么畏缩、逃避，他们可以更外向、直接，独立及有决断力。

偏第一型的第九型：这样的第九型会变得有理想，有秩序，但易受琐碎事情干扰。

2. 九型人格关键的求生存行为：副型

在人类演化的过程中，存在着三种基本求生存行为。“九型人格学”理论称之为“副型”，包括：自我保护行为；社交行为，或称团体行为；一对一行为，或称亲密行为等。既然这些是求生存行为，每个性格型号也必然具备了这些副型。我们表现这三种副型行为的程度各有不同，但其中一种会经常出现。另外，在应对不同的生活情境时，其中一种副型行为便会变得更为明显。例如，当一段基本关系动摇时，意识焦点便会集中在一对一的关系上；当失去工作时，意识焦点便会集中在自我保护上。

（1）什么是自我保护行为？

为保障个人生存，我们都必定重点考虑个人需要及可能造成威胁的事物。同样地，对其他影响自身安危的事物，或是那些我们认同的事物，我们也会作相同的反应。你的关注焦点与精力会跟随着所有牵涉到个人生存的事物，例如：安全、稳妥、舒适、保护及充足的资源等。

（2）什么是社交行为？

我们都是社交群居生物，个人的生存有赖于社会体系和团体的作用。我们也会靠互动行为来结成友谊或友好关系。你的关注焦点与精力会跟随所有牵涉到生活圈和团体的事物，例如：在团体中的角色和地位、社会接受度、归属感、参与感及友谊等。

（3）什么是一对一行为？

个人的生存牵涉基本的一对一关系。你的关注焦点与精力会跟随所有牵涉到亲密关系的事物，例如：跟特定的人维持亲密关系、性关系、个人魅力、亲密感、结盟及融合等。

（4）学习副型的意义是什么？

因为以上都是核心的行为，故此我们都在当中投放了大量的精力。它们是表达性格型号的情感能量或情绪习性的重要途径及通道。

九柱图中的神秘直线：整合与解离方向

人格型态并非一成不变，它伴随着每个人心灵的成长或败坏而发生变化。所谓整合的方向，即朝向健康的、自我发展的方向发展；所谓解离的方向，即朝向不健康、神经质的方向发展。我们学习九型人格的目的就是整合各种人格型态的优点，避免沿着解离的方向走下去。

1. 九型人格图像整合的方向（向上走向）

如下图：1—7—5—8—2—4—1……9—3—6—9

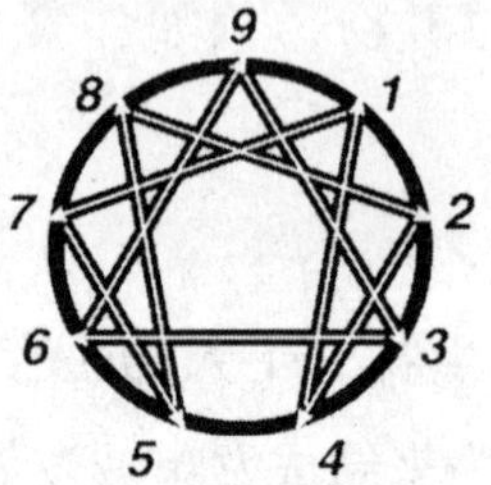

图2-14　九型人格图像整合的方向

2. 九型人格图像解离的方向（向下方向）

如下图：1—4—2—8—5—7—1……9—6—3—9

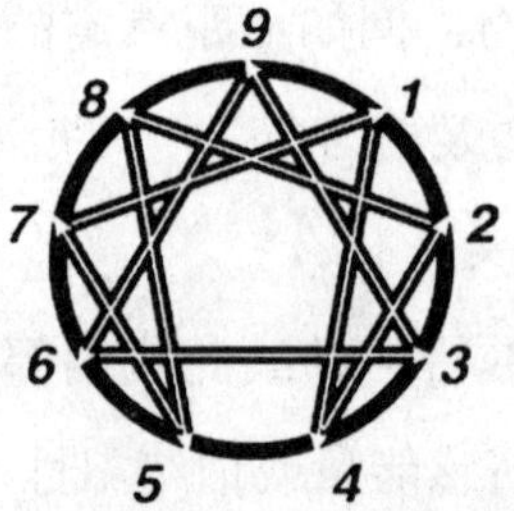

图2-15　九型人格图像解离的方向

3. “发展层次理论”是九型人格的高阶理论

它是从纵向的角度动态展示九种人格的九条向上升华和向下游走的路径，每个类型都有9个阶梯，指引我们朝向自我完善的方向，并觉察我们所处的层次，发展层次一般用于“心灵修习成长”（进入健康层次）和“心理咨询与治疗”（避免陷入不健康层次）。

4. 三大不同层面

（1）健康层面——自我体现

健康层面的人格类型，是自我的最真实体现，并且是启发性的模范。

（2）一般层面——正常运作

处于一般层面的人通常可以正常运作，其性格表现不会带来过多负面影响。

（3）不健康层面——自我压抑

处于不健康层面的人，通常行事缓慢、压力过重，最终导致精神和情绪上的问题。

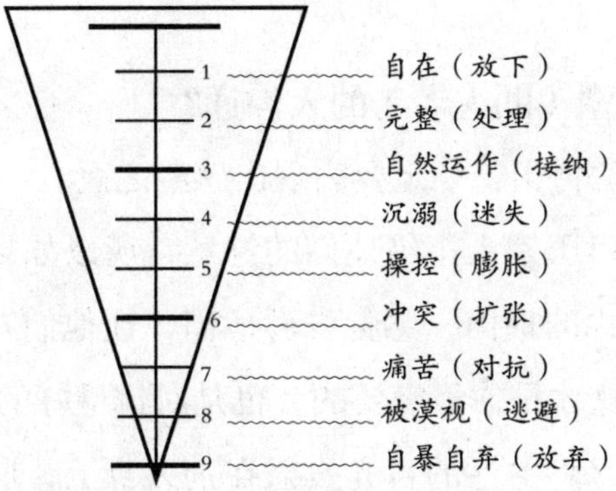

图2-16　“发展层次理论”中的9个阶梯

如何与九个不同型号的人沟通?

1. 如何跟一型（改革者）的人沟通?

·你必须以理性、合乎逻辑并且正经的态度和他们沟通，才能获得他们的认同。

·接着你可以适时表现出一些幽默感，缓和他们的严肃僵硬，借以牵引他们放松心情，放心发挥他们可以有的幽默，并且凡事试着朝正面想。

·当他们不知为何生气，或是显得很“龟毛”时，我们不必太在意，不必追究他们的态度由来，不必与之发生冲突，因为他们的怒气大多不是冲着你来的。它可能只是把无名火，也可能是针对其他跟你完全没相关的事！

·说话要真诚，直截了当，因为他们十分敏感，加上判断力很好，对于别人玩弄伎俩、背后动机，他了然在心。如果你拐弯抹角只会令他不屑与厌恶！

2. 如何跟二型（助人者）的人沟通?

·对于他们的付出，一定要表现出感激之意。

·二型人最讨厌别人拒绝他们的好意，所以如果你想拒绝他们，就必须很清楚地把你的理由、感觉告诉他们，让他们知道真的不需要他去帮你什么，因为这才是你最需要的，也是对你最好的“帮助”。

·二型人总是将关注的目光投射在别人身上，所以你不妨鼓励他们多谈谈自己，并告诉他们你想知道他们的事，多了解他们一些。

·当你想为他做某件事时，告诉他们这么做会让你觉得快乐，他们便会接受你的付出。

·当他们只顾着为别人忙碌，或是显得情绪化、心神不宁时，不妨问问他们正在想什么，心情如何，以及此刻有什么需要?

3. 如何跟三型（成功者）的人沟通?

·希望他们改变作风或是思考其他方案最有效的方法便是：告诉他们这样做可能会有助于他们获得更好的结果。

·如果你喜欢他们，不妨尽量配合他们，因为当你与他们站在同一阵线时，他们也乐于保护你，与你分享他们的成就。

·如果你有被他们利用或操纵的感觉时，不妨让他们知道你的感受，因为他们有时真的会忽略别人的感受，告诉他们后，他们多半会收敛一些，特别是当他无心伤害你时。

·过度地批评只会让他们为了讨好你、顺应你而矫情地做出改变。所以要真正改变他们，应该是去爱他们，设法让他们去探索自己真正的感觉。

4. 如何跟四型（个人主义者）的人沟通？

·感觉对他们而言是最重要的，与他们沟通一定要重视他们的感觉。

·另一方面也要让他们知道你的感觉、想法。

·密切地配合他们，令到他们感觉到你是关心他们，愿意支持他们。

·如果他们沉浸在某种情绪中难以自拔时，问问他们当下的感受。让他们有机会抒发情绪，是帮助他们走出困境的最好方法。

·不要老是以理性来要求他们、评断他们，听听他们的直觉，因为那可能会开启你不同的视野。

·称赞他们，特别是当他们能发挥自己的特质而有所贡献时，因为他们是极容易有负面情绪，容易否定自我的人。

5. 如何跟五型（探索者）的人沟通？

·他们在面对人群表达自己时往往有困难，所以不要在这方面给他们太大的压力。要表现出亲切的善意，以减轻他们的紧张、焦虑。

·要亲切，但不要表现出依赖或过于有压力的亲密，因为他们喜欢与人保持一定的距离，要尊重他们的界线。

·要求他们做决定时，请尽量留给他们独处的时间和空间。

·当你请求他们做某件事时，请记住你的表达就应该是一种请求而非要求。

·作为第五型人的伴侣，要增加他们的信任，减轻其焦虑最好的方法是身体的接触（例如按摩），这对他们而言是胜于语言的沟通。

6. 如何跟六型（忠诚者）的人沟通?

·他们是多疑的，所以很难相信你对他们的赞美。唯有不断地倾听，并愿意支持他们，和他们站在一起，才是取得他们信任最好的方法。

·保持你的一致性，不要言行不一，变来变去，这样自然会让他对你产生信任。

·不要讥笑或批评他们的多疑，这会使他们更缺乏自信。

·说话必须真诚、清楚明白，因为他们很会猜测你的“言外之意”，而做不必要的联想。

·身为六型人的伴侣，请务必让他们知道你每天的行动，他们不是要控制你、干涉你，只是他必须知道这些才能觉得安心。

7. 如何跟七型（热情者）的人沟通?

·以一种轻松愉快的方式和他们交谈，是建立彼此好感的第一步，因为他们不喜欢过于严肃、拘谨、无趣的人。

·倾听他们伟大的梦想和计划，不必马上点出其中不切实际的地方，把它当成是一种分享想法、分享喜悦的方式。

·如果你要点出他们计划中的一些问题点，请不要用一种高姿态的批评或指示，改用一种建议、提供参考的口吻，他们会比较容易接受。

·当你提出不同的见解、方案时，他们当下可能会有点反弹，但记住，他们是善于思考的，给他们重新思考的时间，他们自然会判断是否接纳你的想法，或是找时间跟你进一步讨论。

·如果你是他们的好朋友，看到他们逃避问题时，不妨提醒他们，找时间静下心来面对问题，把问题想清楚。

8. 如何跟八型（挑战者）的人沟通?

·说话尽量说重点，他们才不会不耐烦，并愿意听你继续陈述。

·你认为你们彼此起了争执、冲突，他却可能觉得这是很过瘾、很有效的沟通模式。所以你要记着，冲突对他们而言是进一步沟通的开始，而非结束。万一你觉得“争吵”太过厉害，感觉不舒服时，不妨直接告诉他们你的感受。

·他们可以接受直接的批评，但不要取笑或讥讽他们，这会使他们产生敌意，做出攻击的行为。

·玩弄权谋，操纵他们，说谎，都是他们讨厌的行为，跟他们沟通的最好方式是：直接、说重点。

9. 如何跟九型（和平者）的人沟通?

·尽量倾听他们，并鼓励他们说出自己的想法。

·要适时地赞美他们，认同他们，因为他们常常不知道自己的优点和自己的重要性。

·当他们赞成或是执行某件事时，事实上有可能只是为了迎合别人，所以你不妨问问他们的想法，听听他们会怎样说。

·如果你想真正了解他们的想法，不应过于急切、压迫，否则他们会给你一个“你想听到的”答案，所以还是给他们一点空间和时间来思考吧。

学习九型应秉承3个法则

1. 法则1：一圆法

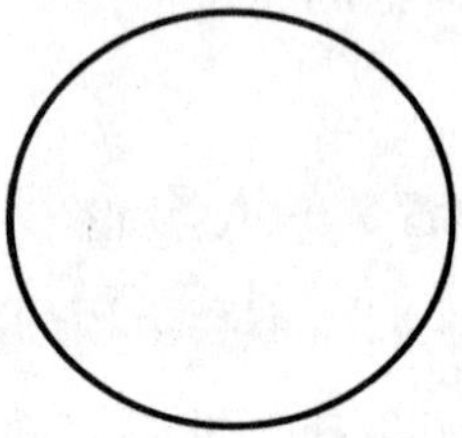

图2-17

法法皆是圆法，不但是佛所说的一切“法”是圆法，世间所有一切“法”也是圆法。圆是真的，也就是我们常讲“事实真相”，“真实之际”，显密教里头所讲的大圆满，这是圆法。把圆法分别不圆了，是我们自己搞成的，绝对不是说法有偏，圆法不存在；学习九型理论亦如此，首先要将一切处于平等的位置，这样才不会对他人有偏见。法是平等的，法决定没有偏圆、决定没有高下、决定没有浅深。

2. 法则2：三圆法

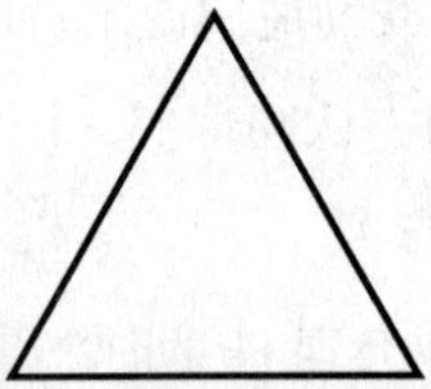

图2-18

三才者，天地人。三光者，日月星。

才当能量讲。三才即指三种能量。将天地人并称为三种能量，是中国文化的独特视角。天地有能量，很好理解。

冯友兰先生讲：一个人对于人生越有觉解，那么生命对于他也越有意义。对于一个收破烂的文盲，一本线装明刻的《文心雕龙》，其价值最多就是几角钱，而对于一个学者来说，这本书就是稀世珍宝。为什么同样的事物，其意义在这两人眼里会有这样的不同？这就是因为这两人对于这本书的觉解不同。人具备的觉解天地万物意义的能力有高下，而且并不是每个人都能将这种能力发挥出来，或发挥到极致。冯友兰先生根据人不同的觉解能力，将人分成了四种境界，最低的叫“自然境界”，高一级的叫“功利境界”，再高的叫“道德境界”，最高的叫“天地境界”。“自然境界”的人对人生没有什么觉解，就是自然而然地生活，吃喝拉撒，生老病死，结婚生子；“功利境界”的人对人生的觉解就是只看利益，他们做任何事都是为利益而做；“道德境界”的人对人生的觉解则着眼于道德，做任何事都以符合道德为原则；“天地境界”的人，则以天地为父母，以天地间的山川草木、鸟兽虫鱼为兄弟姊妹，做任何事都力求符合天地自然的规律，在天地间做一个天人。达到“天地境界”的人，即是觉解最高的人，这种人可以算是圣人了。学习九型理论亦如此，同一种理论，不同的人会有不同的见解。最终你从中领悟到什么、学习了多少还要靠个人的觉悟。理论之于学习，只是点拨之用。

3. 法则3：七圆法

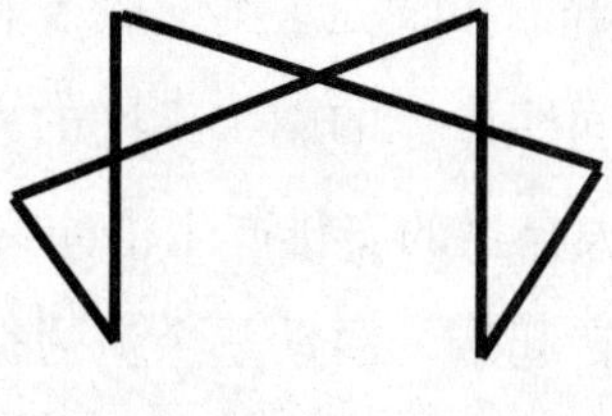

图2-19

（1）纯潜能

该法则基于这样一个事实，即我们处于最本质的状态时是纯意识。纯意识即纯潜能，这是一个具有无穷可能性和无限创造性的“场”。纯意识是我们的精神实质。由于它无边无际，无穷无尽，所以又是纯粹的愉悦。意识的其他属性为纯粹的知识，无限的寂静，完美的平衡，坚不可摧，朴实无华以及至乐至福。这些都是我们本质的特性，我们的本质是一种纯潜能。

一旦你发现了你的本质特性并通过九型理论的学习，明白了真正的你是个什么样的人。有了自知之明，你就能实现任何梦想，因为你就是过去，拥有现在和将来这一切的无穷可能性和无限潜能。纯潜能法则也可称作宇宙法则，它构成人生五彩斑斓的基础。它是单一的却无处不在的精神。你与能量场是密不可分的。纯潜能场就是你的真正“自我”。你对自已的真正本性体悟得越多，你离纯潜能场就越近。

你必须学会接触你最深处的本质。这种最真实的本质是“自已”所不能及的。它无所畏惧，自由自在，不怕批评，不畏挑战。它不在人下，也不在人上，不卑不亢，神奇无比，充满了魅力和魔力。

随着你对自已真实本质了解的增多，你还会自然而然地获得创造性的思想，因为纯潜能场同时也是纯无限创造力场和纯知识场。

（2）给予和接收

第二精神法则为给予和收受法则，收受和给予实际上是一回事，因为给予和收受是宇宙间能量流的两个不同的方面。如果你堵住这条源流的任何一头，你就与大自然的安排产生了冲突。

要让给予法则运转起来，启动整个流通循环过程，最好的途径是在学习九型的同时做出这样一个决定；无论什么时候接触到任何人，你都将给他们一点什么，不一定非要是物质形式的东西，也可以是一声称赞，或者一句祈祷，事实上，最有作用的给予的心态不是送给人家某样东西，关怀，仁慈，欣赏和爱是你能送给别人的一些最珍贵的礼物。遇见某人时，你可以默默地为他送上一句祝福，祝愿他幸福快乐，笑口常开，这种默默的给予作用非常之大。

（3）因果

第三条精神法则是因果法则。“因果”能产生一种具有能量的力，这种力会以同样的方式回到我们身上。因果法则中所讲的东西没有一样是我们不熟悉的。我们大家都听说过这样一种说法：“种瓜得瓜，种豆得豆”。显然，如果我们希望在生活中创造幸福，我们就必须学会播下幸福的种子。因此，因果也指有意识的选择行为。

我们大多数人，作为条件反射的结果，对我们环境中的刺激物都能做出重复的反应和可预见的反应。我们的反应似乎是被周围的人和环境诱发的，而我们忘了，这些仍然是我们在自己所存在的每时每刻里都在做的选择，我们只不过是在无意识地做出这些选择罢了。

如果说你后退一刻，在你做出那些选择的时候去见证一下你正在做的选择，那仅仅通过这一次见证行动，你就把整个选择过程从无意识王国带进了意识王国。这一有意识的抉择和见证过程对于九型的学习是非常有作用的。

（4）最省劲

该法则基于这样一个事实，那就是利用自然的智慧学习起来轻松自如，无忧无虑。这就是“无为”和不对抗原则，也就是和谐与爱心原则。等我们学会了大自然的这一课，我们就能轻而易举地实现自已的愿望。

大自然的智慧是在不做任何努力，没有任何磨擦的情况下自发做功的。它是非线性的、凭本能的、全面而富于营养的。当你与大自然和谐和默契，确实了解了真正的“自我”时，你就能利用最省劲法则读懂九型了。

最省劲法则包含三个成分。第一是顺受。顺受就是说，你要做出这样一个承诺：“今天，无论碰上什么样的人、情况、处境和事件，是什么样就是什么样，我都将顺受。”这就意味着，你要明白此刻本来就该是这样，因为整个宇宙就是它该是的样子。第二是责任。责任意味着不因为你现在的情况——包括你自已——而怨天尤人。顺受了这个处境，这个事件，这个问题之后，责任则意味着对目前情况的创造性的应对能力。所有问题里都蕴涵着机遇的种子，而这样的意识容许你接受此刻并把它变成一个更有利的情况，或者更好的事情。第三是不做辩护，意思是说你的意识是建立在不做辩护之上的，摒除说服或者劝说别人相信你的观点的欲望。观察一下身边的人，你就会发现，他们把99%的时间都用在了为自已的观点做辩护上。如果你摒除了为自已的观点辩护的欲望，那么在这个摒除欲望的过程中，你就会将以前浪费掉的大量精力找回来。

（5）意图和愿望

第五条精神法是意图和愿望法则，是基于大自然中到处存在着能量和信息的事实，实际上，在量子场这个层面上，宇宙中除了能量和信息别无其它。量子场只不过是纯意识或纯潜能场的另一个标签，仅此而已，这个量子场是受意图和愿望影响的。

学会利用意图的力量，你就能在学习九型认识自己后创造出你想得到的任何东西。如果你想通过使用自身培养起来的功力强行取得结果，就要付出代价。这个代价就是压力，心力衰竭和免疫系统功能的损坏。执行意图和愿望法则中的以下五个步骤要好得多。当你按照这五个步骤来实现你的愿望时，意图就会产生它自已的力量：

第一，你把自已置于思想之间那片寂静的中央，进入寂静——这种存在层次，才是你的本质状态。

第二，立足于这种存在状态，“种下”你的意图和愿望。当你实际身处那间隙时，不存在思想，也不存在意图，但当你走出那个间隙与思想的交接处时，你就把意图带进来了。如果你有一系列目标的话，可以把它们写下来，并且在你进入那个间隙之前，把你的意图集中在它们身上。譬如说，如果你希望事业成功，你就带着这个意图进入那个间隙，而这个意图就会像一缕微弱的火光一样，已经在你的意识里闪烁摇曳了。在那个间隙里，把你的意图和愿望说出来，意味着将它们种到纯潜能这块肥沃的土地里，等它们到了季节，开花结果。你不要老想着把你愿望的种子挖起来看看它们是否在生长或者死盯着它们将要破土而出的那个方向。你只要想着把它们说出来就行了。

第三，继续保持自我参照状态。继续保持对你的真正自我——你的精神，你与那个纯潜能场的联系——有一个清醒的认识。不要通过世人的眼睛去看你自已，或者说，不要让自己受别人的看法和批评的影响。一个有助于保持自我参照状态的办法，是别让别人知道你的愿望。不要告诉任何人——除非他们有着与你的愿望完全相同的愿望，而且是和你心贴心的人。

（6）超然

第六条精神法则为超然法则。为了获得物质世界中的东西，你就得摒弃老惦记着它的心态。这并不是说要让人放弃实现愿望的意图。你不要放弃意图，也不要放弃愿望。你要放弃的是对结果的惦记。

这是要做的一件作用很大的事情。一旦你摒弃了对结果的惦记，同时将“一条道走到黑”的意图和超然的态度结合起来，你就会拥有你想得到的东西。你想得到的任何东西都可以通过超然而获得，因为它是建立在你对真实自我力量的坚信不疑的基础上的。

从另一方面来说，心里惦记着什么的根源在于恐惧和缺乏安全感，对安全感或者把握的寻求实际上是对已知的惦记。而已知又为何物呢？已知就是我们的过去。

当你学习了九型理论，认识了真正的自己之后，忘掉已知，走进未知吧，这样你就将进入无限可能性场。

超然法则能够促进整个进化过程。当你懂得了这一法则后，你就不会感到非得强行解决问题不可了。强行解决问题只会造成新的问题。但当你把注意力放到不确定的东西上，并且在期待解决办法从无序和混乱中冒出来的同时注意它，那么所出现的情况就会惊心动魄，令人兴奋。

（7）人生目的

第七条精神法则为人生的目的，这一法则认为，我们化身为肉体是为了实现一个目的。纯潜能场从本质上说是神性的，而这个神以人的形式出现以便实现一个目的。

根据这一法则，你有一种独特的天赋及其独特的表现方式——有某件事你能够做得比这个世界上的任何人都好——而对于每一种独特的天赋及其独特的表现方式也存在着独特的需求。当这些需求与你才能的创造性表现方式相匹配时，就撞击出了创造富有的火花。表现你的才华来满足需求，就可以创造出无限的财富。

总之，通过九型理论的学习，发现你的神性，找出你的独特天赋，并用它来为人类服务，这样你就能够生产出你想要的一切财富。当你的创造性表现与你的人类同伴的需求相一致时，财富就会自发地，由隐而显地，由精神王国向物质世界滚滚流淌了。你就会感受到你的人生就是神性的一种奇迹般的表现——不是偶尔如此，而是总是如此。你将会懂得快乐和成功的真正含义——你自己精神的极乐与狂喜。

九型人格的成长之道

1. 一号型成长之"道"

- 每个人都是完整而独特的个体，个人的价值与幸福并不取决于个人表现的正确与否。

- 在正确之外，还有其他的可能性；而且，所谓的错误也可能只是基于个人差异。学会接纳自己和别人的不完美。

2. 二号型成长之"道"

- 了解每个人都是以原本的面貌被人所爱，而不是以付出的多少或被需要的程度来衡量。每个人的需求最终总是可以获得满足。

- 了解不一定要为别人改变才能使自己被爱；清楚了解真实的自己是什么模样；注意自己的需求与欲望，并让自己获得满足，当需求未获满足时，用生气或不高兴表达情绪；承认自己并非不可或缺，而且这样也没关系；接受他人的付出；设定个人原则或忍耐的极限以适当地拒绝别人的要求；注意自己的协助是否让人有被压迫感或被控制感。

3. 三号型成长之"道"

• 了解每个人是以原来的面貌被人所爱，而不是因为自己做了什么。了解事物的发展有其自然规则，并不取决于个人努力的多寡。

• 调整步调；表现自己的情绪；反问自己真正重要的事；试着不用成功或他人的期待审视自己的内在；为工作在生活中占的比例设定上限；学会倾听，并扩大自己的接纳度；了解爱是基于自身的存在，并不在于你做了多少或拥有多少。

4. 四号型成长之"道"

• 现在的爱是被爱的、完整的，不缺少哪些重要的东西或元素。人与人之间都是互有关联，一体的。

• 注意目前生活中美善的、正面的东西，不要为了过去的事情感觉遗憾；培养稳定而一致的行为模式，不要有太剧烈的情绪起伏；从事劳动，帮助他人，避免过度沉溺在自己的世界里；情绪激动时，先给自己一段平复的时间，平静下来之后，再做出反应；欣赏日常生活中的每件事，即使是简单的例行公事也好。

5. 五号型成长之"道"

• 生命中所有的需求都可以获得满足。积极参与生活并不让你失去拥有的东西。

• 让自己体验各种感觉，不要将感受隐藏在心里；压抑与封闭只会让别人更想要挖掘你的内在，而让你觉得受到侵犯；了解你有足够的能量把每件事情做好；参与劳动；想办法加入团体谈话，试着表达自己的想法，说出自己的故事。

6. 六号型成长之“道”

• 信任自己与别人是很自然的事。放弃怀疑与不信任，拥抱人生，享受人生。

• 做自己的主人；恢复对自己、他人与外在世界的信心；接受某种程度的不确定与不安全感是生活的一部分；深入思考我对他人的恐惧和疑虑；保持忙碌是减少忧虑的要诀，对抗与逃跑都是恐惧的表现；以正面行动代替恐惧。

7. 七号型成长之“道”

• 为了完整地体会人生，我们必须学会把握当下。学会支持自己与他人，全力经营眼前的事。

• 自己追求快乐纯粹只是害怕失去，逃避责任以保有自由，逃避痛苦的反应；试着按部就班地一次只做一件事；学着活在当下，多于活在未来；更深入地体会别人的感情与想法；明白自己的追求美善，逃避丑恶，其实是一种自我设限。

8. 八号型成长之“道”

• 明白每个人都生而善良纯洁，能够理解真理；在抛弃成见，用崭新的观点看待事物之后，便可以发现真理。

• 了解自己的强硬只是为了掩饰脆弱，却会对他人造成压力；了解软弱是帮助自我成长的工具，因为它可以让我体会自己脆弱和柔顺的感情；行动前先等待并听取他人的意见，以平息自己的冲动；在不同的情况下，表现出适当的强硬；学会喜欢内心平静的感觉；寻求双赢局面；

学习让步。

9. 九号型成长之“道”

• 每个人都无条件地被人所爱；个体是以其本来的面貌被接受、被欣赏；个人的价值与快乐来自内在心灵。

• 关心自己的需求与快乐；借着生气表达自己不被重视的不满，并且提醒自己真的在乎；注意是否有自我压抑的行为，例如，不做真正重要的事，而去做不重要的事，如看电视、吃东西、买东西、做家务；注意自己是否花太多时间考虑，而没有着手进行真正重要的事；把不舒适与改变当作生活必不可少的一部分；试着像爱别人一样爱自己。

九种性格的寓意与本质

先给各位讲个故事，从而帮助大家了解九种性格的本质以及带给我们的启发。

在遥远的太空某处，一艘宇宙飞船正在四处漫游，由东往西，从南到北，穿梭宇宙星际，希望能找到无人到达过的地方，探索出新的文化、资源和思维。

某一天，宇宙飞船来到太阳系的某个星球，远远看去，星球很美丽，山青水绿，色彩缤纷，船长于是命令宇宙飞船驶近一点。

用先进仪器探索一番后，结论是这个星球有水、泥土、树木、动物，可以支持生命，是个很不错的地方。船长决定派遣船员担任先行部队，到地面上探索该星球是否适合居住或移民。然而船员人才济济，该派谁去？

★开路先锋8号

船长打开一幅关于船员的九种性格地图，发现8号的人生使命是保护、带领他人，特质是从不害怕，有谋略，目光长远，懂得保护身边人，想方设法解决困难，有力量有冲劲去克服问题。要开山劈石做先锋，建立长远目标，他们是最佳人选。

于是，船长派遣了一群8号来到星球上，先建立一个桥头堡，为进一步发展作铺垫。8号尽责地策划了很多方案、目标，不过由于工程浩大，工作繁多，8号无法一一应付，便向船长求救，要求派遣一些人来帮忙。

★支援之选2号

船长再度打开船员的心理地图，发现2号的人生使命是成就他人，尽力协助他人成功，最适合做支持工作，于是又派遣2号去支持8号。不过，问题依然存在。8号只顾看长远目标，不能兼顾细节，2号只懂支持策划，却不会自行多走一步，欠缺真正勤奋办事的人，迫使船长再考虑加派他人去协助。

★忠心队员6号

打开地图，船长发现6号是团队型的人，团结、忠心、安全，最适合做士兵，于是派遣他们前去。这时，一个国家已初具规模，有皇帝（8号）、宰相（2号）、士兵（6号），不过6号太重视安全，在探索时遇到危险便退缩，8号又认为需要增派将军来带领士兵。

★勇字当头3号

3号正是将军的人选。他们的人生使命是达到目标，然后再达到另一个目标。3号喜欢有成就，勇字当头，可以披荆斩棘，不怕痛楚，不受感情拖累，决定去做一件事时，无人可以阻碍他。3号来到星球上，跟从8号的指引，带领6号向前冲，令宇宙飞船的势力急速扩大。

不过，由于3号为求目的，有时会不计成本，横冲直撞，不惜牺牲士兵，导致怨声载道，于是8号又要求宇宙飞船派人帮忙，以制约各方，取得平衡，同时能规划各种行为上的细节。

★长于规划5号

宇宙飞船这次派来的是5号。他们理性不会冲动，人生使命是收集资料和作出分析。一抵达，他们就搜集了所有问题的资料，逐一研究，建议解决方案，绘制真正细致的拓展蓝图。有了蓝图，3号便可以根据规划带领6号去冲锋，探索新大陆、修桥筑路等工作变得更安全。

果然，有了5号的规划，工作变得顺利得多，只欠一点：3号有时为了急于求成，会不顾一切，没有跟从5号的规划方法去做。不跟从的后果，是工作效果不够好，时有遗漏，或质素欠佳。

★监督使者1号

为了保证质素，宇宙飞船于是再派1号来做监督，确保所有人按着标准去做。因为1号的人生使命正是跟从标准、原则。由于1号很有判断性，是非黑白分得清楚，颇能收监管之效，令团队运作开始畅顺。

可是不久之后，留在星球上的人又觉得有所缺乏。因为平日只有工作的份儿，没有玩乐，也欠缺士气。这次，宇宙飞船派了7号前来。

★娱人先生7号

7号的人生使命是创造可能性，最怕闷，怕不开心。为了常常保持自己开心，他会不停娱乐自己、娱乐他人，设法带给每个人欢笑和享受。有了7号，星球开始变得丰富，吃喝玩乐一应俱全。

★心灵诗人4号

不过，本身拥有高度智能和深度的船长，并不愿意看见留在星球上的一群人满足于吃喝玩乐这表面，肤浅的娱乐方式，更害怕他们只顾向外发展，忽略了心灵空间，忘却本来灵性。

宇宙飞船船长于是派遣4号前来。4号的人生使命是凭感觉做事，他会创作歌曲、诗章、雕塑品、艺术品、画作，透视人的内心感受，带动所有人重投灵性感觉的怀抱。

★和平大使9号

至此，星球似乎什么都有了。不过人一多，纷争、冲突便出现。为了维持和平，船长把最后一种人（9号）派来。9号的人生使命是维持和谐。他本身没有野心，又爱调解其他人的纷争，能够维护和平，制造凝聚力。

当九种人同时在星球上共存时，一个最完整、没有缺陷的团体诞生了，这九种人共同合作、互相制衡，堪称真正的梦幻组合。这个星球，就叫做“地球”。

这个故事想说的是：人类本是很完美的团队，虽然人与人各有不同，但每种性格都对应不同的职位、工作以及重要性，缺一不可。没有一种性格比其他人好，没有一种性格比其他人差。这是学习九种性格学时最重要的精神。

九种性格学希望带来的正确精神讯息是：

- 认知每种性格的存在；
- 接受每种性格的存在价值；
- 尊重每种性格的使命；

• 协助每种性格发挥自己的能力。

一般人往往希望身边的人想法、行为、价值观和自己一样，这是不正确的观念，我们不能希望别人变成自己。人类数千年以来，灾劫连连，战争不断，全因不懂尊重、接受另一种人之故。

每个人都想把自己的价值观加诸其他人身上。不相信自己信奉的宗教，便是魔教、异端；不属于某种政治派系的人，注定要被革除、放逐。这是人类长期以来痛苦的原因之一。

在家庭方面，一些父母总是认为孩子“应该”怎样，想方设法把孩子雕塑成自己心目中的模样，从来没想过孩子实际上是怎样一个人，也没有尊重与接受孩子与自己的不同，承认孩子同样有其个人价值与使命。要和谐共处，承认每个人的生命价值是必需的。

在工作上，道理亦是一样。老板若要求员工想法、做法与公司一致，这批员工“好极有限”，因为最好的员工亦不能超越老板的想法。在这个急剧转变的年代，一间公司更需要不同类别的人才，创造不同的想法、意念，互相冲击，才能令企业更进一步。

九型性格最应该铭记的谚语

1. 一号：改革者

我老婆的嫉妒心越来越可笑了，有一天她翻看我的行事历并质问我那个叫“梅”的女人是谁？

——罗德尼 · 丹格佛

最安静的丈夫会造就出最吵闹的妻子。

——伊沙克 · 狄斯瑞里

2. 二号：助人者

如果你希望能被爱，就要先能去爱别人！

——欧维德

没有一种体验比被人需要来得更棒。

——月犬

3. 三号：成就者

早睡早起，如置身地狱般的工作，以便让自己突出。

——劳伦斯·彼得

你绝不会有第二次机会去给予人第一印象。

——海伦仙度丝广告

4. 四号：个人主义者

每个人的心中皆有一个炽烈的炉床，但从来没有一个人去坐在此炉床边。

——文森·凡谷

忧郁的男人是最富有才气的。

——亚里士多德

5. 五号：探索者

我不知道人为什么要有一个身体，我想是为了支撑头颅的一个必需配件。

——保罗·鲍尔

我从未发现任何一个同伴会比独自一人更好相处。

——亨利·大卫·索瑞

6. 六号：忠诚者

我不喜欢害怕的感觉，因为它令我感到恐惧！

——玛格丽特

我不怕死，只是当它发生时，我不想要到那里去。

——伍迪 · 艾伦

7. 七号：热情者

当要在两种坏事之间做选择，我会选择我先前从没尝试过的那一种。

——梅伊 · 已斯特

魔鬼的名字就是乏味。

——罗伯特 · 伊 · 李

8.八号：挑战者

绝对不要轻易的和解。

——布鲁斯 · 菲尔斯汀

当我长大，我想要成为的就是负责的人。

——威马 · 维特

9. 九号：和平者

我所记得第一件我喜欢而且会再回去找的东西就是食物。

——罗达 · 摩根史坦

真正的伟大在于温柔待人，这亦是幸福的睿智。

——艾拉 · 惠勒 · 威尔科克斯

如何正确利用“九型”认知自我

下面为大家介绍一下九型人格系统工具的使用方法，并请您在生活中不断感悟、学习和成长。

1. 九型可以应用于哪些方面

自我认知——提供一种自我认知的可能，让每个人有方向地观察自己、认识自己，挖掘自己生命中最核心的本质，从而活出真我，有方向地自我改善、自我整合、自我超越。

有效管理团队——能有效了解别人的情绪与行为，了解人际关系冲突的根源，懂得如何引导及管理团队，达到组织人际关系的和谐，提升企业生产力。

激发员工潜能——帮助企业领导迅速洞察员工的风格和团队的动力，为不同类型的员工提供相应有效的支持环境，最大限度地激发潜能，各展所长，人尽其才。

招聘选拔的科学工具——了解不同性格的基本特质及深层价值取向、不同性格与之匹配的岗位及工作环境，“九型”是适用于企业招聘、任免、选拔、大学生职业生涯规划及就业指导科学而先进的工具。

提升销售业绩——了解如何与九种不同性格打交道的沟通方式及技巧，提高人际沟通效率，提升销售业绩。

调节夫妻关系——帮助夫妻双方了解对方的性格，从而了解双方冲突的最根本、最底层的原因，让夫妻懂得尊重彼此的性格，站在对方的角度考虑问题，减少冲突，建立和谐关系。

有利于心理咨询——能使心理咨询师对来访者的性格特征做出准确

判断，有利于咨询的顺利进行和可控把握。

提升领导魅力——帮助领导者快速洞察下属内心愿望，准确找到部门人事症结，清除影响管理障碍，挖掘内在潜力，积极引导，打造团队凝聚力，发挥下属的能动性，形成良性竞争，使企业团队正向发展。

2. 找到自己最适合的工作

一号：财务、监察、审计、品质管理等；

二号：秘书、社工、客户服务工作等；

三号：销售、公关等；

四号：设计、创作等需要创意的工作；

五号：策划、整合、管理、研究工作；

六号：建立系统、设立防范机制、顾问；

七号：创作、娱乐工作；

八号：管理者、领导者；

九号：人事、调研、仲裁。

3. 烦恼和缺陷的根源

一型：过于追求完美，而陷入到完美的世界中；

二型：过于追求爱，而陷入了逆爱；

三型：过于追求成功，而失去了方向感；

四型：过于追求自我，而失去了与外界环境的互动；

五型：过于追求知识，而失去了效果；

六型：过于追求忠诚，而失去了自信；

七型：过于追求了快乐，而失去了境界的提升；

八型：过于追求权威，而失去了人际关系；

九型：过于追求和谐，而失去了行动。

4. 如何提升个人性格

让您的性格更加的完善。

例如，一号型人可以向七号型人学习，七号型人可以向五号型人学习，五号型人可以向八号型人学习，八号型人可以向二号型人学习，二号型人可以向四号型人学习，四号型人可以向一号型人学习，一号型人可以向三号型人学习，三号型人可以向六号型人学习，六号型人可以向九号型人学习，九号型人可以向三号型人学习。这样一来，您就会变得：

一号，愤怒——平静。二号，骄傲——谦卑。

三号，欺骗——诚实。四号，嫉妒——坦然。

五号，贪婪——无执。六号，害怕——勇气。

七号，贪食——清醒。八号，欲望——无知。

九号，怠惰——行动。

5. 请避免您再次失落

例如，一号型人应避免向四号型人转化，四号型人应避免向二号型人转化，二号型人应避免向八号型人转化，八号型人应避免向五号型人转化，五号型人应避免向七号型人转化，七号型人应避免向一号型人转化，一号型人应避免向二号型人转化，三号型人应避免向九号型人转化，九号型人应避免向六号型人转化，六号型人应避免向三号型人转化。这样一来，你就不会变得：

一号，愤怒——批判。二号，骄傲——蛮横。

三号，欺骗——否定。四号，嫉妒——分离。

五号，贪婪——逃避。六号，害怕——攻击。

七号，贪食——发怒。八号，欲望——盘算。

九号，怠惰——被动。

6. 九型人格与第四道修炼

第一道：通过本能运动方面的训练来发展人，即苦行僧之道。

第二道：通过情感方面的训练来发展人，即僧侣之道。

第三道：通过理智方面的训练来发展人，即瑜伽之道。

第四道是旨在实现人的高等自我的灵修教义。它起源于古代“密意”传统，并在二十世纪初，由乔治·葛吉夫和彼得·邬斯宾斯基带到西方。他们以适合现代人的语言重新诠释了整个体系。

“第四道”立基于关于自我本性的知识、个人的印证以及转化痛苦，是一个注重实修的体系。第四道教义围绕着三个主题：控制世俗的低等自我；修行；唤醒并实现神圣的当下——这些主题是所有“密意”传统的根基。到达神圣的无言当下，是宇宙中最大的奇迹，而每一个“密意”传统，都有各自表达这一终极真理的方式。

“第四道”是同时修炼人的身体、理智与情感，对于现代人而言，这是一条更容易开始的路。与其他道路之不同在于，“第四道”要求的原则是了解，人必须不做任何他不了解的事，因此，知识要来得更为精确与完善。有时“第四道”也被称作“狡猾者的道路”。

Part 2 九种人格解码

第三章

第二型：助人型(Helper)

——助人者的个人认知与发展方向

发现第二型人的人格特征

1. 三大状态下的第二型人简介

第二型的人在时间、精力和事物三方面都表现得主动，乐于助人，普遍乐观以及慷慨大方；由于他们不容易承认自己的需要，也难以向别人寻求帮助，所以总是无意识地通过人际关系来满足自己的需要，而且在自己最为人所需的时候感到最快乐；他们对别人需要的感觉非常敏锐，能够刚好表现出吸引别人的那部分人格；他们善于付出更胜于接受，有时候会操控别人，为得到而付出，有时候是天生的照顾者和主持者；为了使别人成功、美满，他们能运用天生的同情心，给予对方真正需要的事物。

2. 第二型人基本形态一览

基本恐惧：不被爱，不被需要。

基本欲望：感受爱的存在。

对生命的要求：如果有人爱我及有人被我爱护，我就满意了。

特质：感性、热心、友善，取悦人，时常感觉自己付出的不够，乐于助人，甘于牺牲，占有欲强，建有感情账簿。

顺境（可以爱人及被爱时）：富于同情心，体恤别人的处境，付出无条件的爱。

逆境（没有爱或被背叛时）：蛮横无理，操纵性强，对人有过分的要求。

处理感情的方法：过分强调别人的需求，而忽略了自己的需求。

身体语言：柔软而有力，愿意与人有身体接触。

面部表情：柔和，多笑容。

讲话方式/语调：速度轻快，声线较沉，自嘲，有幽默感。

常用词汇：你坐着，让我来；不要紧，没问题；好，可以；你觉得呢？

工作环境：强调合作性，大家同向一个目标迈进，没有人际纠纷。

不能处理逆境时出现的特征：戏剧型性格。

骄傲：对爱的极度需求，享乐主义，具高度诱惑性，任性，戏剧化（吸引注意），不要求/不容许别人帮助，感情易受牵制，反智主义。

警钟：取悦人，表现过分友善，太关怀别人的处境，太过慷慨，过分阿谀奉承，填补内心的空虚，不能确定别人的好感是否真的，不懂得接受别人的赞誉。

座右铭：施比受更有福。

典型冲突点：偏袒某些同事，引起其他人的不满，形成小圈子。

优点：令人觉得特别/被欣赏。

缺点：听话就有好日子过，否则不管你！

最适应的工作环境：很多人际沟通，被重视，被爱戴。

不适应的工作环境：缺乏正面的人际沟通。

管理方式：感性，助人成长，全都往肩上扛。

令人舒服的地方：温馨，被照顾/关怀，被保护。

令人不安的地方：第二型人的爱有时令人窒息；缺乏客观评估标准，爱人变成害人。

沟通要点：保护人性化，清楚第二型人的盼望，帮助第二型人讲出本身的真正需求，不要让第二型人为你付出太多，小心第二型人将你的批评当作人身攻击，恰当时有一定的身体接触。

激发要点：让第二型人感觉伟大；在可能的范围内，尽量暖第二型人的心；注意一对一的沟通；帮助第二型人提升自我价值；第二型人害怕当众出丑，容许第二型人有足够的时间及资料去学习新事物；第二型人害怕冲突；向第二型人确保冲突不会影响别人对他的好感。

时间管理：时间不属于自己；解救方案：防止第二型人越帮越忙，让他们了解他们想付出的未必是别人需要的；第二型人不容忍人际空间，提醒第二型人有时要袖手旁观，给予别人成长机会；鼓励第二型人先做好自己的工作；提点第二型人不要将人家的问题扛在肩上。

达成协议：第二型人要面子，让第二型人有台阶下。

常见问题：扮演牺牲者，事事个人化。

解救方法：不要容许第二型人承担太多的责任；将事与人分清楚。

3. 在情感三元组中的性格体现

第二型人对他人有着强烈的感情，但他们的感情中也潜伏着一些问题。他们强烈地表现自己对他人的感情是多么的正面，完全忽视了负面的感情。他们把自己看成是爱人、照顾人的人，但追根究底，他们爱人只是为了让别人反过来爱他们。他们的“爱”不是免费的，而是要求回报的。第二型人常常缺乏真正爱人的能力，因为他们的自我形象只包含对他人的正面感情，而没有包含出其他“不良”的感情。

实际上，第二型人渴望得到他人的爱，以确立自我形象——善良、无私、有爱心。问题在于，只要第二型人关注他人是为了证明自己的价值和可爱，他们就不可能充分地认识自己的情感，也不能认识到自己的可爱特质。随着第二型人慢慢发生退化，其处境也越来越糟糕，因为他们已无法从他人那里辨识爱的回应。一般状态与不健康状态下的第二型人开始从他人对自己的情感中寻找特殊的信号，所有不包含爱的暗示都没有意义。因而，第二型人必须计划好他们想要成为什么样的人，以及他们应当怎样做才能从他人那里得到可以“算作”爱的特殊回应。

这就是为什么第二型人有着和第三型人、第四型人一样的问题——自我认同问题。其他人对第二型人的看法与事实并不一致，更重要的是，第二型人对自己的看法也和实际不同。在充满爱心的自我形象和实际上渴望被爱之间，在所谓的无私大度与自己对他人的爱的要求之间，不一致性日益凸显出来。

4. 第二型人存在哪些问题?

第二、三、四型人存在一个共同的问题，就是他们都对他人怀有敌意，只是表现方式各有不同。

第二型人否认自己有任何敌意，并把攻击性隐藏起来，不只对他人隐藏，也对自己隐藏。像其他人一样，第二型人也有攻击性的情感，但他们为保护自己而不承认它们的存在及其严重程度，因为他们的自我形象禁止他们公开表现出敌意。

只有在相信自己的攻击性是为了别人好而绝不是为了一己之私的时候，他们才会表现出攻击性。一般状态和不健康状态下的第二型人担心自己会公开表现出自私或攻击性，这不只是因为负面行为与他们的有道德的自我形象相冲突，而且也会使他人远离他们。

因此他们对自己（以及他人）否认他们曾经有自私或攻击性动机，

并且以某种方式为他们的实际行为辩解，以便积极地看待自己。最终他们逐渐脱离实际，以至于完全欺骗自己，不相信自己表现出的动机和实际行为之间存在矛盾。

不健康状态下的第二型人可能会变得既极其自私又极具攻击性，但他们又认为自己既不自私也不具攻击性。

5. 第二型人的父母取向

在孩提时期，第二型人就对保护者的角色——即在其早期发展中负责指导、建构和训导的那个人——有一种矛盾心理。

这个角色通常是父亲，但其他人也可以扮演这一角色，包括母亲、哥哥和姐姐。第二型人对保护者的角色并没有强烈的认同，但也不会在心理上与那个人完全隔绝。

结果，第二型人觉得他们可以通过创造一种认同，作为保护者角色的补充，更好地融入家庭。由于矛盾的心理取向针对的是代表着与父权相关联的特质——权威、建构、规训、以世俗方式指导孩子一的保护者角色，因而儿童开始认同女性家长的角色。

第二型的年轻人慢慢变成了“小的养育者”以在家庭中获取安全感。换言之，他们相信，如果能养育其他家人，他们就能赢得保护者的爱和保护。与保护者角色之间的这种关系提供了一个舞台，让他们以同样的心理取向对待能给予他们渴望得到的爱的所有人。

对保护者角色的这种矛盾的心理取向有助于解释为什么第二型人的自尊是有条件的。

第二型人不会无条件地爱自己，这实际是第二型人所有痛苦的源头。他们的自尊基于一个条件，即他们是绝对善良和“无私的”。他们必须以这种方式看待自己，因为他们相信，只有成为善良和大方的人，才能获得别人的爱。

而且，第二型人的家庭越是失和，他们就越是觉得必须牺牲和压抑自己的需要以获取别人的爱。

不幸的是，如果第二型人认为自己的需要是自私的，他们就要以间接的方式去满足它们。

第二型人的超我永远充满警惕，不仅要评判第二型人的“自私”，而且要评判他人对第二型人的回应。

第二型人做不到完全的自我牺牲，而且从他人那里获得的回应也不足以使他们相信自己被人爱着。具有讽刺意味的是，第二型人力图维持他们的心理状态，为此他们甚至更加努力地试图说服自己和他人相信他们真的充满善意、无私，没有任何需求。

当第二型人真的是出于善意的时候，他们认为自己善良、爱他人当然没有什么问题；可当他们想要随时感受到自己善良的时候，问题就出现了。

甚至当他们距离善良还有一段距离的时候，第二型人也认为自己对他人充满善意。具有讽刺意味的是，他们自认为是好好先生的渴望，远不如他们的自我中心、操控别人及强烈压迫别人的欲望迫切。

然而，当第二型人很健康的时候，他们能够通过学会关爱自己超越对爱的急切寻求。他们明白，自我关爱不是自私：事实上，如果他们想对他人有切实的帮助，爱是至关重要的。他们知道他们能够无条件地爱自己，不必通过一贯的善良从他人那里获取爱。

他们能够照顾人，能够做到公正、无私——因为他们的爱是没有时间限制的。不幸的是，在人格发展连续体的较低端，不健康状态下的第二型人的“爱”不过是依赖性欲望的一个掩护。由于他们的这种神经质的需求，不健康状态下的第二型人常常借善的名义作恶，并且对自己的所作所为毫无察觉。

当第二型人在健康状态下

1. 第一层级：无私奉献，利于他人

健康的第二型人出奇地无私和奉行利他主义，尽力奉献给他人一种真正无条件的、持续且无牵绊的爱。这种无条件的爱使他们不关心自己的利益，也不要求别人报答。“获取报答”在他们的爱中不是关键。

真正无条件的爱自由却一无所求：健康状态下的第二型人的爱与不爱是自由的，他人回应与否也是自由的。健康状态下的第二型人总是铭记着这一点，别人让他成为其生活的一部分已是一种很大的恩惠，是别人的礼遇，而不是他可以要求的。

这是可能的，因为在第一层级中，第二型人已经明白了要关注自己的真实感受，明白了要真正地关爱自己。健康状态下的第二型人可以善待自己而不会觉得自己是自私的或害怕这样做会疏远他人。由于学会爱自己和关心自己，第二型人不再渴求从他人那里获取爱。他们能诚实地评价自己的需要并应对这些需要，有的人还能更客观地看待和回应生活中他人的需求，有时他们认为他们所能做的最好的事就是什么也不做。对于健康状态下的第二型人而言，付出是一种选择，而不是一种强迫。

非常健康的第二型人是人类中最利他的，他们并没有注意到自己的善与好，也不会四处张扬自己的作为。他们心中似乎充满无尽的善意，也高兴看到他人的好运气。他们的态度是好事就该做，而不用管是谁去做以及最后谁得到好处。非常健康状态下的第二型人对渔翁得利的情形并不会生气，反正好事已经做了，有人受惠了，这就够了。

因此，在最佳状态下，健康的第二型人是完全公平无私的，他们帮助别人不是出于隐秘的一己之私，因为他们会直接地说出自己的需要。

他们的意图和行动纯粹以别人的利益为导向，没有任何秘而不宣的动机。他们的公正无私能让他们清楚地看到别人的真实需求，而不受自我或自己被伪饰的隐秘需求的干扰。他们没有自我和自私的想法，因而在其人际关系中，有一种特别的率真。

2. 第二层级：关怀他人，同情心强

纵使不是随时都秉持无私的利他主义，健康状态下的第二型人也会随时关心别人的幸福，且对他人饱含同情。在所有的人格类型中，他们是最具同情心的。

同情心是一种能够和别人一起感受，能够设身处地去感受他人情感的特质。同情心能对他人感同身受，把他人的需求等同为自己的需求。具有高度同情心的健康状态下的第二型人能够站在他人的角度去看、去想、去听，因而会同情人、关怀人。他们具备了和受苦之人一起感受苦楚的能力。例如，他们从电视中听到一则不幸的消息，他们的心就会飞到那些受苦之人的身边。从朋友的婚姻到工作的难题都会深深地牵动他们的心。明白有人了解你的感受，有人和你一起伤心，关怀你，认真地对待你的需要，尽其所能帮助你，这一切本身就是危难之际给人最大安慰的表现。

在这个层级中，第二型人是非常健康的非凡的人，但他们缺乏第一层级的人所体验到的那种自由。这是因为第二型人开始把他们的关注焦点更多地投向了他人，因此与自己的感受失去了关联。他们也开始把自己看做是对他人怀有善意的人，而不是简单地把所有情感都表现出来，让他人知道。在第二层级，这种自我意识是相当有益的，而且第二型人仍然是非常善良的，因为他们对他人的正面情感大多是真实的和深入的。

3. 第三层级：扶持他人，助人为乐

健康状态下的第二型人喜欢表现出他们有多么的爱他人。他们对他人强烈的正面情感自然而然地使他们表现在行动上。因此，在这个阶段，服务是关键点，健康状态的第二型人以各种实质性的方式给予他人令人满意的帮助。他们帮助那些需要帮助、不能照顾自己的人，给他们食物、衣服、药品，志愿从事慈善工作，运用自己所有的方法帮助别人。

健康状态下的第二型人向人们伸出援手，给他人实质性的帮助，即使不便或困难超出了他们的能力所及，也毫不懈怠。他们非常了解别人在物质、心理、情绪或精神上的需要。在危机四伏的情况下，他们也是非凡人物，因为别人知道第二型人必定会想到他们，赶来助一臂之力。他们是那种在半夜里都可以打电话求助的人，他们对于自己的时间、心力、金钱及其他资源是慷慨的，在最好的状况下，他们富有自我牺牲精神。确实，他们既关怀他人，又特别乐于助人，因而成了大众所追寻的人物。

当然，健康状态下的第二型人不会把全部时间花在寻找别人的需要上。他们体验着自己的仁爱，乐于和别人分享这种感觉，他们有许多方法表达这种感觉而不必公开去关怀他人。第二型人喜欢与别人分享他们拥有的一切，包括唱歌、表演、烹饪才能、私人物品，或者更简单一些，分享他们的时间。健康状态下的第二型人把给予别人有价值的东西和看到别人的成长当做自己的快乐。

当第二型人在一般状态下

1. 第四层级：非常善良，热情洋溢

健康状态下的第二型人真的非常善良，而一般状态下的第二型人对

于自己的情感和善意做的没有说的好。在心理方面，有些反向的齿轮经开始产生作用，他们原本聚集在他人身上的注意力开始转向自己，以自己为焦点。他们的注意力从做好事转到不断确认他人是爱他们、对他们有感情的。

一般状态下的第二型人开始担心自己为他人做得不够多，没能真正“赢取他人的心”，他们还开始把爱等同于个人之间的亲密关系和接近程度。亲密关系当然是所有良好关系的一个本质特性，但第二型人开始把焦点集中在这个方面而把其他许多东西排除在外，并且有时是在不合适的情境中。他们想要人们注意他们是多么的关怀他人、愿意分担他人的感受。在交谈中，仿佛是为了提醒人们彼此之间的关系有多么特殊，他们喜欢和人们谈论彼此之间的关系。事实上，第二型人总想与他人更为亲近，总想让自己相信他人是真的想要和他们在一起。

2. 第五层级：既是密友，就要占有

因为人际交往能力出色，对于一般状态下的第二型人而言，身旁聚集着一群日益依赖他们的人并不稀奇。他们喜欢营造一个以自己为中心的大家庭或共同体，这样，他们便成了他人生活中的重要人物。他们笼络他人，使他人觉得他们既是这个家庭中的一分子，又因受邀加入这个大家庭而对他们感恩戴德。

在这个阶段，第二型人就像是典型的犹太母亲，永远觉得对别人的服务不够，不同宗教信仰及性别的第二型人都同样具有这种行为倾向。他们在行动上和情绪上不断地帮助他人，总想用一些事情对别人施加强烈的影响。

很少有什么能像有人看似真诚地为自己考虑那样令人敌意尽消，而一般状态下的第二型人对那些因为自身的心理因素急于找寻母爱的人确实是最有影响力的。因此，一般状态下的第二型人对于那些需要他们的人而言是值得信赖的，但这也会引来一个严重的问题，由于第二型人关怀他人是为了获得赞赏并最终满足自己的需要，所以挑选功能失调、情绪混乱的人只会使获取足够反馈的机会变得寥寥无几。第二型人最终把注意力转向那些根本不能报答他们关心的人——瘾君子、老弱病残者、情感受到伤害的人。

第二型人总是在他们的情感对象那里寻找赏识的特别信号，若不是因为这个目的，他们的行为本来没有什么问题。但可悲的是，第二型人开始担心受到他们照顾的人爱别人多于爱他们，而且第二型人相信，如果别人想要安定生活，就必定需要道义，为此，第二型人越来越多地用各种方式使他们所爱的人需要自己。他们的超我不允许他们承认这一点，可即便如此，第二型人还是会继续说服自己相信他们的动机仅仅是无私的爱。

3. 第六层级：自我欣赏，自负之徒

一般状态下的第二型人自觉他们做了很多好事，为别人做了很有意义的事。他们牺牲了自己，关心人们的需要，可他们只是希望别人为此感激自己。在他们看来，别人将他们所做的努力完全看成是理所当然的；他们觉得没有人看重他们，也没有人考虑到他们的需要，或以相同的方式为他们付出一下，他们觉得别人都忘恩负义，从不为人着想，甚至必须随时提醒才知道他们是多么善良。

第二型人这样做是因为要他们做到欣赏自己并且又要控制自己的攻击性冲动是很困难的，除非他们的价值能被别人所肯定。曾经在表面上如此以他人为中心的人在这个阶段已变成注重自我利益但却表现得十分谦虚的以自我为中心的人。这个阶段的第二型人确实太过注重自我，自负地认为自己是不可或缺的。他们赞扬自己，甚至无耻地自吹自擂——“谦逊地”大谈自己的种种美德。

自负是一般状态下的第二型人的主要缺点。他们十分自我欣赏，也从不漏掉任何机会提醒他人：有多少人正爱着他们，他们有多少朋友或他们做了多少善事。他们可以一字不差地道出他们认识的每一个人的姓名，如果这些人稍有名气的话更是如此。

当第二型人在不健康状态下

1. 第七层级：自欺欺人，掌控他人

在人们的生活中，向不健康层级转变通常需要一种环境背景，或是受到长期的伤害，亦或是一场重大的人生灾祸，而这些一旦发生，第二型人就会经历一种糟糕的剧烈转变。他们的攻击性已经很强了，但因为这种攻击欲望和他们“好好先生”的自我形象相冲突，因而他们不敢表达内心真正的感觉。

结果不健康状态下的第二型人必须通过间接方式来表现他们的攻击性，通过操纵他人来攫取他们想要得到的那种爱的回应。但是不管怎么说，即使是操纵别人，所获取的回应也永远无法满足他们。

操控他人的第二型人是犯罪大师，他们可以像乐团指挥掌控乐队一样把他人玩弄于股掌之间，把罪恶感的程度提高到强烈的齐奏，或降低到微弱的低吟。他们的操控使人们互相对立，更糟的是，他们能使一个人与自己对峙。人们会很震惊地发现：不健康状态下的第二型人的操控竟然把他们远远地推离了自己的中心意识。即使是成熟的男性与女性、家族和公司的领导人物，一样被这种与自己反目成仇的操控搞得支离破

碎、苦不堪言。不健康状态下的第二型人通过让别人陷入自我怀疑，产生负罪感和困惑，从而使别人失去自我控制力。

2. 第八层级：要求给予，支配他人

在一般状态下的第二型人身上看到的占有欲已变为以自己的方式有时甚至是神经质的方式强制性地要求他人付出爱。此时，第二型人出现了幻觉，自认为有绝对的权力向别人索取想要的一切。在不健康状态下的第二型人看来，其他人必定拥有他们想要的一切，因为他们认为，以前他们曾自我牺牲，现在别人也应当为他们牺牲一下。

神经质的第二型人害怕得不到别人的爱，几乎有些歇斯底里，他们可能会变得极其不理性而且非常难以应付。他们掩盖自己内心需要的能力崩溃了。处在第八层级的第二型人缺乏以连贯的方式维持自己无私形象的能力。他们无比自私，坚持认为他人必须把他们的需求摆在第一位；此前他们的自我需求间接地通过各种服务于他人的方式寻求满足，现在却冲到前头，直接要求别人给予，而且就像是报复一样地苛求别人。

处在第八层级的第二型人因为被无情地抛弃而努力寻求情感上的满足。他们渴望爱，并力图借助几乎一切手段来发现并获得爱。处在这一不健康层级的人通常都有非常不幸的童年，可能曾受到过生理、性或情感的虐待。结果，不健康状态下的第二型人即使被爱也不理解真正的爱。相反，他们强行寻求在孩童时期与保护者曾有的各种“联系”，不管是虐待、暴力还是被忽视。他们强行寻找的这些“联系”通常是焦虑的、破坏性的以及带来一生的心理负担。

3. 第九层级：难以满足，身心皆病

如果从他人身上获取爱的渴望得不到根本的满足，不健康状态下的第二型人就会潜意识地试着走旁门左道。他们渴望被爱，被关心，被极度地感激。生理疾病似乎是确保他们获得一直在追求的感激的一条可靠道路。生病是一条解决之道，他人必定别无选择地照顾他们。虽然被照顾和被爱并不是一回事，但毕竟离他们一直渴望的被爱已经很近了。

神经质的第二型人力图获取他人的爱，这始终是他们的基本欲望，为此，他们会在潜意识中期望生一场病。

他们担心要为自己的言行负责，也担心他们的攻击性会暴露出他们态度的伪善，从而使自己成为不可爱的人，而这正是他们最为担心的。因此他们在潜意识中想通过得一场大病来逃脱自己应负的责任，这在一定程度上可以避免受到更大的惩罚。

还有，至少在他们的心中，生理的病痛可以证明他们对自己的许多重要评价，例如他们是无私的，他们为他人付出了牺牲，他们因为他人而把自己的身体累垮了等等，所有这一切对他们而言在一定程度上都是真理。

第二型人的发展方向

1. 解离方向→向8号看齐：蛮横无理，骄傲

比较少关心别人真正的需要，只知道给别人自己有的，得不到他人的回报时，内心深处有失败感。

第二型人要注意，语调轻松的给人劝告与被求助，是看起来的“滥好人”，因常不满足自己的需要，认为自己是个大量奉献的人，不自觉自己也有需要。

发觉周围的人有很多需要，在以为真正关心人时，容易掉进操纵别人的想法；给的是他想象的需要，强迫性的教训人、救人，是别人的

“护士”、“母亲”。

妒忌、占有、歇斯底里的伤害者；感觉别人没良心，我做了这么多而没有回馈。不会直接发怒假谦虚，是最会操纵人的一型。在接受别人的爱上是无底洞，常轻视自己，不会关心自己，否认自己有需要，很难直接向人要求，自己没有能力照顾自己，想尽各种办法让别人来爱他，仰赖别人的同情。让他骄傲的是“别人没有他就活不成”。

有很多没有平息的怒火，当别人没有回报时觉得别人占了他便宜。有很多的朋友，很快的与人亲密，但无法达到深层，把爱与理想都停在浮面上，友谊很快会破裂。

2. 整合方向→向4号看齐：自我了解，培育创意

无条件的爱，不计酬劳，是所有人格类型中最体贴最有爱心的，我建议，第二型人应该学会倾听自己的内心，并能尊重自己的需要。真诚的关心，真正爱人，为别人做，对人负责，给人实质的帮助，有自己的指向，能满足自己的需要。

很易接受别人，十分敏感周围的气氛，站在别人观点去看、去想、去听，有理解他人的能力，对世界的人付出爱、关心、赞美。具备了和受苦的人一起受苦痛的能力，在社交上很能自主。表达感恩，配合别人的热心肠，帮助别人及爱护别人是此一型人之特性。

第二型人的亚类型

1. 1号：把自己当成“仆人”

不论是第一型人还是第二型人，都强烈地以超我为导向，因此我们可以看到，在具有第一型冀型的第二型人身上有一种被强化的利他意识外，第二型人的人格特质和第一型人的人格特质常常是相互冲突的：第二型人情绪化，善交际，矫揉造作，而第一型人理性，缺乏人情味，能够自我控制。

第二型人的同情心和善于交际与第一型人的严谨、客观、理想主义恰成对立面。因而，具有第一型翼型的第二型人渴望通过善良和无私奉献获得爱。

第一型翼型具有一定程度的小心谨慎和严谨的特质，这在第二型人的另一个亚类型中很少见。第一型人的义务感和责任感很强烈，而第二型人较强的交际手腕则明显受到了更多压制。

健康状态下的具有第一型翼型的第二型人可以为别人做一大堆好事，其中一部分是源自第一型人的做事原则。教导别人，改善他人的生活，为一项事业而努力工作，这些便是此类人的鲜明特质。很多慈善和宗教机构可能就是由这类人发起、组织形成的。他们尽可能地给别人最好的服务，而且比具有第三型翼型的第二型人更少考虑自己，而去更多考虑别人。

在一般状态下的具有第一型翼型的第二型人那里，个人主义与理想主义之间存在着一种紧张关系。第二型人很会同情别人，但是如果他们同时拥有强烈的第一型人格，他们抽象的理想就会与情感相冲突，这使他们很难全身心地去同情他人。

不健康状态下的具有第一型翼型的第二型人伪善，做事缺乏灵活性，说教式地谈论自认为正确的事。

2. 3号：把自己当“主人”

第二型人的人格特质和第三型人的人格特质会互相强化：两种类型的人都很容易和他人打成一片。第三型人格可以补充第二型人格的魅力、“个性”和适应性等。

因而，具有第三型翼型的第二型人可以通过营造亲密关系和人际联系去寻找爱。这也是第二型人比较具有“诱惑性”的一面：这一亚类型的人会利用魅力和人气去赢取他人的好感。第三型人对被人接纳和获得认可的欲望同第二型人渴望被人感激和与人保持密切关系的冲动结合在一起，形成了一种人格类型，而人际关系成为关注中心。

健康状态下的具有第三型翼型的第二型人迷人、友善、外向。他们喜欢得到别人的关注，有自信，并且散发出一种幸福安宁及自我陶醉的气息。

一般状态的具有第三型翼型的第二型人总想树立一种特别温暖、友好的形象。对他们而言，重要的是让人们感觉到他们是非凡的、可爱的人。

假如这一亚类型的人变得不健康，就会产生很强的毁灭性情绪，因为他们变得既具操纵性，又会利用他人，既欺骗别人也欺骗自己，还擅长投机，不顾道义地从别人那儿夺取想要的一切。

【九型应用】

假如你是职场中的No.2

第二型的你，善于鼓励别人发愤图强，肯为大局牺牲，善解人意，但有时重视关系胜于原则。

身处职场，我建议第二型的你这样做：

- 学会拒绝，在抵触的时候反思自己的需要。
- 减少别人对自己的依赖，给别人解决问题的空间。
- 多客观，少情绪。

第四章

第三型：成就型(Achiever)

——成就者的个人认知与发展方向

发现第三型人的人格特征

1. 三大状态下的第三型人简介

第三型的人是精力超强的工作狂，他们奋力的追求成功而获得地位和赞赏。

他们具有竞争性，并且他们自以为这是一种爱的挑战，而非攻击他人的欲望，无论他们处在何种竞争场合，总是把目标设定在成功之上。

他们会是一位成功的父母、配偶、商人、玩伴，能够顺应身边的人们的需求而更换形象，他们认为：尽管他们和自己的真实感受毫不相干，可是这些都会影响其成就所以必须引起重视；可是一旦受到要求，他们却可以表现出合宜的感觉，第三型的人会全心全意的追求一个目标，而且永不厌倦；他们会成为杰出的团队领袖，鼓舞他人相信天下没有不可能的事。

2. 第三型人基本形态一览

基本恐惧：没有成就，一事无成。

基本欲望：感觉有价值，被接受。

对生命的要求：如果我成功及受人敬仰，我就心满意足了。

特质：重视名利，是实用主义者；在意自己在别人面前的表现；让人看到最好的一面。

顺境（有成就时）：充满自信、活力，有魅力；受人欢迎；积极追求自我增进；有强烈目标感，有野心。

逆境（一事无成时）：为达到目的会不择手段；投机性强，自私自利，说谎。

处理感情的方法：压抑，令自己忙碌；以成就掩盖痛苦；虽然愿意跟大队，然而经常不守规则、喜欢走捷径。

身体语言：动作快，转变多，打手势。

面部表情：目光直接，刻意地不表达感受。

讲话方式/语调：夸张，喜欢讲笑话，大声，声线不尖不沉。

常用词汇：可以，没问题，保证，绝对，最、顶、超。

工作环境：多元化，好玩，有创意，有挑战性，越少条规越好；有人欣赏自己的热诚，创意及想象力。

不能处理逆境时出现的特征：躁郁型性格。

虚荣，急功近利，但求成功不择手段，喜爱支配，竞争心极强，自欺欺人，认同流行价值观，市场导向，肤浅，过度注意外表，现实，高度戒备，情绪波动。

警钟：将个人价值维系于外在成就；以事业成就标榜个人；拥有地位的象征物（奖状、屋、车、文凭…）；失败=没有价值=没用。

座右铭：只许成功，不许失败。

典型冲突点：别人觉得被利用。

优点：正面的自我形象，追求成果，令人充满希望。

缺点：变色龙，虚假，事比人更重要。

最适宜的工作环境：有竞争，有进取。

不适宜的工作环境：平静，只讲不做。

管理方式：不要阻止我前进！

令人舒服的地方：有冲劲，强烈目标感。

令人不舒服的地方：为了成功，会显得不择手段，令身边的人尝尽人间冷暖。

沟通要点：表示权威，不要轻易让第三型人占上风；以成果及成就为中心思想；第三型人向前冲之余，会忽略品质，提点他多些分析及策划；让第三型人知道别人对他的成就所做出的贡献；不要浪费第三型人的时间；定时与第三型人一起检查进度。

激发要点：帮助第三型人移开障碍，令他看到前途一片光明；支持他们能够快速采取行动；给予支持及奖励；令第三型人感觉被有才干的人所领导；在事业低迷时，提供人性化的支持；帮助他树立积极竞争精神。

时间管理：时间都用在工作上；有需要时，帮第三型人放缓脚步以防崩溃；让第三型人知道不是每个人都追得上他们的步伐；帮第三型人明白有时加快工作步伐或加重工作负担未必能解决问题；第三型人不肯面对错误，因此犯错后会马上投入新工作，帮第三型人反省；提醒第三型人不要成为浮在表面的“通才”应成为“专家”。

达成协议：无论真正的利益分配是怎样的，都要让第三型人觉得占了上风。

常见问题：贬低人家自抬身价，什么都要争第一，什么都懂一点却不精。

解救方法：学习互相尊重；集中精力争取重要的目标。

3. 在情感三元组中的性格体现

第三型是情感三元组中的基本人格类型，第三型人与人的情感生活最为疏离。这是因为他们已经学会把自己的情感和真正的欲望放在一旁，以求更有效地发挥功能。第三型人相信他们是因为自己所做的一切才具有价值，所以把精力完全放在好好表现上，“把分内的事做好”，靠自己的努力取得成功，不管“成功”是如何界定的。

第三型人渴望获得他人的正面回应，因此他们学着以他们认为可以给人留下好印象的方式去行动。这在某些情境中可能是一种有用的策略，但它也可能变成一种习惯性的存在方式，甚至在不合适或至少有局限的情形中，他们仍会采用这种方式。一段时间后，由于第三型人不断拖延处理自己的实际情感，他们开始遇到麻烦。这时会出现一个根本的分裂，即他们表面的样子和实际的样子之间的分裂，他们在他人眼中的形象和隐藏在这一形象背后的真实之间的分裂。最终，形象成了他们唯一真实的东西。他们如此远离自己的情感和需要，以致他们不再知道自己是谁。他们认为形象就是自己拥有的一切。在这一点上，由于他们获得的任何肯定都是对形象而不是对他们自己的一种回应，所以再多的赞扬和成就都无法使他们感到心满意足。

第三型人所面对的巨大挑战就是成为以内心为导向的人，按照自己的真实情感和真正价值发展自己。大多数第三型人不知道他们已离弃自己有多远，所以当他们发现自己曾如此不知疲倦地追寻的梦想并不属于他们的时候，要承认那一点是十分困难的。

4. 第三型人存在哪些问题?

同情感三元组的其他人格类型的人一样，第三型人也会遇到敌意的问题。在极不健康的第三型人身上，这种敌意可能会体现为对他们认为会威胁到其自我形象的人的一种恶意报复。

第二型和第四型人对他人的敌意是间接的，而一般状态和不健康状态下的第三型人的敌意则直接得多，并且形式多样，从傲慢地疏远他人到阴险地嘲讽他人，从尖酸刻薄地打击他人到蓄意伤害和背叛出卖他人。敌意在两个方面对第三型人是有益的：首先，它可以补偿他们自己的无力感；其次，它可以使他们与那些由于这样或那样的原因而动摇其脆弱的自尊的人保持距离。在后一种情况中，极不健康状态下的第三型人甚至会敌视他们所羡慕的抑或吸引他们的人。

5. 第三型人的父母取向

第三型人会发展成现在这个样子，原因可追溯到孩提时期形成的与养育者形象的关系。

在其早期发展过程中，养育者是他们的镜子，是关心他们，让他们产生有关个人价值的情感和认识的人。

第三型人年幼的时候对他人的情感状态有很强的适应能力和反应能力，他们也学会了调整自己，让自己适应养育者角色的反应和潜意识中的期待。这一角色通常是母亲或母亲的替代者，但后一种情形并不多见。在某些情况中，母亲有可能缺席——要么是身体意义上的缺席，要么是情感意义上的缺席——这时那一角色就落在了父亲或喂养婴儿的某个替代者身上。在另一些情况中，有可能是保姆或祖父母担任这一角色。不管是哪种情况，重要的是要明白，养育者是照料孩子和让孩子了解他们在别人眼中的形象的人。

在其成长时期，第三型人学会了顺应养育者的期待和愿望。到成年时期，第三型人继续表现出他们在孩童时期形成的那种模式。他们四处寻求他们羡慕和尊重的人对自己的认可和赞赏。对于第三型人而言，放弃表演却冒险暴露容易受伤的内在自我似乎是一件极其危险的事。他们觉得真实的自我在过去已经遭到拒绝，所以他们内心害怕往事重演。他们相信真实的自我相对而言是不可爱的，只有表演是值得赞赏的。

当第三型人在健康状态下

1. 第一层级：心地真诚，自我悦纳

在最佳状态下，非常健康的第三型人摆脱了希望被别人肯定的欲望。他们不再在意别人怎么看待他们，也不再被想得到他人赞赏与羡慕的欲望所刺激。相反，非常健康状态下的第三型人把他们的重心转移到了以内心为导向与自我成长上。如此一来，他们的内在性、他们的情感与认同都获得成长的动力。他们的发展成为内在的和个人的发展，其任务就在于发现自己的价值，而不是公开的和外向的行为。

在这个阶段，健康状态下的第三型人对自己是谦恭的和直率的，因为他们的能量全部投注到做自己上。即使在不那么健康时，第三型人也是讲求实际的，在第一层级，他们完全知道满足。他们对自己常常有一种令人开怀的幽默感，因为他们对自己的才干有自知之明，他们可以调侃这些东西，而不会用它们来炫耀。

2. 第二层级：尊重内心，寻找自信

在第二层级，第三型人已经开始寻找他人的尊重，因为他们已经被自己的基本恐惧所压倒，担心自己毫无价值，没有出息。

从一定意义上说，这与第二型人的两难处境十分相似，第三型人觉得只有获得生活圈里的重要人物的赞赏和承认才能产生自我价值感。在一定程度上，第三型人在孩提时期没有被注意和得到尊重，所以他们将关注焦点偏离自身的需要和感受，以确定什么样的行为、特质和态度能

使他们得到圈里人的肯定。为此，他们发展出一种适应能力，能把了解他人期望的才能发挥到合适的程度。

由于拥有最绝妙的社交直觉，健康状态的第三型人特别会见风使舵，不费力就能引起他人的注意，就像树叶转向太阳以便吸取更多光一般。别人每一次的情绪转变，每一次人情冷暖的变化，都会即刻在第三型人的内心引发作用，就像晒日光浴的人能说出什么时间日光将穿过云层照射到他的身上一样。健康状态下的第三型人拥有一种和第二型人一样的才能，就是能读懂他人的内心和所处的情境。每当走进一个房间，他们立即就能感觉到其中的氛围，并有效和敏感地随机应变。这种能力使其他人很自在，第三型人的到来常常得到他人友善的欢迎。当第三型人笼罩于别人赞赏的关注之中时，他们就会积极地发出光芒。他人的肯定使他们觉得自己还活着，能感觉出自己的好。

3. 第三层级：强大野心，追求卓越

健康状态下的第三型人有野心，也渴望以各种方式来提升自己在学术、体育、文化、职业及智慧等方面的素质。他们对金钱、名声或社会名望不是很有兴趣，他们只想让自己更有内涵。

他们有很多值得羡慕的地方，因为他们的确拥有一些非常不错的特质。他们值得他人羡慕，因为他们很出众，在有他们参与的所有活动领域，如奥林匹克运动会、西点军校或医学院，他们常常是模范人物。

他们适应能力很强，是完美无缺的少男少女或男人女人，能体现社会文化所欣赏的价值。当然，某个特殊的第三型人不会体现你个人所欣赏或希望拥有的价值，但是他总是能体现其所在文化和社会环境中受到肯定的那些价值。因而，他们是文化价值的活的典范，也是我们用来认识及评价自己的典范。

他们具有杰出的品质，因而健康状态下的第三型人能够激励别人发展他们自己，他人在第三型人身上可以看到自己可能会喜欢的东西，希望自己像第三型人一样努力去发展自己的潜能。而且，健康状态下的第三型人很乐意帮助别人获得他们拥有的特质。

当第三型人在一般状态下

1. 第四层级：好胜心切，盼有成就

一般状态下的第三型人总是想引起他人注意。他们开始把自己和他人进行比较，担心自己会被他人的成就比下去。这必然会导致一种与他人竞争的愿望，虽然在这个时候，竞争基本上是隐秘的和不公开的。一般状态下的第三型人想要对自己和同行证明自己是非凡的优秀人物。他们为此比他人更努力地工作，寻找各种代表着成功和成就的象征：社交能力、加薪、受欢迎的演讲、签订合约、拥有同他们的老师或领导一样的显要位置。超越他人可以强化他们的自尊，使他们不至于产生太深的无价值感，暂时感觉自己更可爱、更值得关注以及被羡慕。

为了达到这一目的，第三型人实际上献身给了他们的计划、事业以及他们为了增强自尊而做的一切。他们是真正的成就型人格，可以为了升职而忘我地工作。当然，不是所有的第三型人都如此卖命。

2. 第五层级：以貌取人，害怕失去

这是标志着第三型人发展或退化的一个重要阶段。

健康状态下的第三型人也有好胜心，但主要专注于自己的实际努力和成就，他们感兴趣的是真正的自我完善。然而，从第五层级开始，第

三型人首先感兴趣的是提升自己的自我表现和自我形象。

他们想要给人留下可爱的印象，而不管他们投射出来的形象是否反映了真实的自己。形式重于实质：一个人留给别人什么样的印象成为他们最为关心的事。

由于害怕被人鄙弃，一般状态下的第三型人逐渐远离自己，力求以“正确的方式”组合他们认为能提升自己和使自己更容易被人接受的因素。他们的自我表现变得更加圆滑、更加专业，他们更多地关注自己的外表。第三型人把旺盛的精力倾注于塑造更加亮丽的外表上，以帮助自己赢取渴望的成功。当然，对形象如此关注暴露出他们已在根本上缺乏真正的自尊。一般状态下的第三型人已经抛离了自己，决心赢得比真实自我更有价值的东西。

3. 第六层级：捍卫形象，自我推销

在一丝不苟地寻求一种他人能够肯定和接受的“新的”、“完善的”自我之后，第三型人可能担心他人会看透自己，发现自己不是他们所力图投射出来的那种真正有魅力的、“完善”的形象。在这个方面，如果展现出的形象不如他们的理想形象完美，就会彻底蒙羞，所以，如果第三型人没有得到他们想要的肯定，就会过度地自我推销以加深别人的印象。

他们想要得到别人的羡慕及嫉妒，希望别人认为自己在每一方面都非常杰出，视自己是完美的化身。但最为重要的是，第三型人想要忘记那越来越匮乏且持续引起羞耻感和痛苦的内在自我。

为了抵消越来越强的恐惧感——害怕自己变得毫无价值——第三型人的自我形象变得极端膨胀和华而不实，他们开始无休无止地替自己做广告，吹嘘自己的才华，用听起来很重要的名头宣传自己的成就，或是让别人了解他们将要取得的巨大成功，使自己听起来很了不起，似乎自己永远比别人做得好——而且比实际的样子更好。

当第三型人在不健康状态下

1. 第七层级：过分张扬，投机取巧

失败是最让第三型人觉得丢脸的一件事。当他们继续过分张扬自己，却又不能达成目标时，就会尝试以欺哄他人的方式来维持自己仍是获胜者的形象。

害怕失败、害怕丢脸使不健康状态下的第三型人更加明目张胆地以一种不诚实的方式去获取自己需要的东西，这样至少还可以维持其虚幻的优越感。我们已经看到，一般状态下的第三型人是实用主义者，而到了第七层级，他们已变得一心只为生存着想。不健康状态下的第三型人远离了自己的核心，他们的实用主义已经降格为一种没有原则的权宜之计，在此，第三型人所做的任何事几乎都是为让他人相信自己仍是特别的人。但是，由于他们实际上正在遭受严重的心理危机，所以，要想完成这个任务，就只有歪曲自己的真实处境：他们隐瞒自己的简历，剽窃他人的成果，钻牛角尖，把他人的成果据为己有，或是编造从未有过的成就以使自己看起来更加出名。不健康状态下的第三型人绝不做失败者，不管是谁都必须为他们的成功付出代价。

他们随时准备背叛、说谎、改变“效忠”的对象，或占人便宜以便登上第一。由于他们几乎完全丧失了良知和辨别真相的能力，所以似乎不知道自身的真相究竟是什么，并且丝毫不为欺骗别人感到羞愧。

2. 第八层级：歪曲事实，恶意欺骗

不健康状态下的第三型人由于严重地歪曲了真实的内心诉求，隐瞒自己的病态，所以越来越害怕自己会被别人发现，害怕自己的欺骗会曝光。然而，他们不愿面对一个事实，即自己有严重的心理问题，必须寻求帮助。所以他们可能会进一步恶化，无论做什么都必定是为了掩盖自己虚假的诉求。结果，他们做出了更严重的破坏性行为，以掩盖自己的劣迹，尽可能隐藏其真实的动机和行动。

我们在一般状态下的第三型人身上看到的那种创造形象的能力现在更是成为了过去式。不健康状态下的第三型人开始完全地自我欺骗，因为他们需要掩盖曾经的恶行和谎言。他们现在创造的形象仍然具有说服力，但在形象下面，他们变得极度奸诈和不诚实。其他人只有在深受其害之后，才能发现第三型人的神经质有多么严重。

3. 第九层级：报复心强，极端主义

他们有各种理由相信，如果发生了这种情况，他们就会彻底毁灭。他们没有办法摆脱难以忍受的无价值感和卑下感。确实，他人的成功和鲜明的优越感随时都会让他们受到耻笑和被人看不起。在他们看来，他人是且总是比自己优秀。在第九层级，神经质的第三型人暗地里怕别人比自己优秀（实际上也总是如此）。他们已从欺骗发展到了彻底的怨恨，就如他们所说："不管以何种方式，我一定要比你强！"并且，尽管已没有东西可以失去，但神经质的第三型人并不会因为一无所有而停下来。由于他们现在已没有任何能力移情于任何人，所以也就没有什么东西可以约束他们对他人的严重伤害。的确，不论是毁灭何人或何事，总会让他们想起一直以来都在力图避开的那些不幸往事，可现在这却成了一种偏执性的强迫症。

第三型人的发展方向

1. 解离方向→向9号看齐：否定，欺骗

第三型人往往只从外面看自己，形式重于实质，与内在不相遇，没有里面的世界，可以从一角色换到另一角色，无法丢开角色经验，好像戴了面具，注意力放在面具上，很多时候不知道自己的感受，好像没有生命，只有角色生活，害怕真实的亲密关系。

他不会承认他没有感受，他的感受不是一般人应该有的，是假的感受，感受皆十分表面化，无法深入他的心里，很难体会到目前自己的心情。体会更深一点对他很难，无法警惕到自己在扮演角色，常鼓吹推广他自己以加深别人印象，第三型人经常注意自己在别人心中的形象。心底深处很冷、很表面化、自我为中心、自恋，很有优越感及喜欢操纵别人的心情，情绪上有障碍时会有仇视的心情，却不自知仇视心情来自何方。九型人格中最不易碰自己情绪的一型。

2. 整合方向→向6号看齐：承诺感，勇气，耐力

最吸引人、敏感、自然、真诚，有活力，很自我肯定、有信心，不在意别人怎么想他，不必非扮演角色来欣赏自己。

我觉得，第三型人应该把他的重心转移到“内在导向”与”自我成长”上发展自己的感情与认同，对自己有很大的自由度，是九型人格中最肯定的一型。

一般的人都很喜欢他，欣赏他做的事，有社交能力，知道如何跟人相处、能力很高、值得夸奖；是社团的创造者，能推动事情、有组织能力、很能与人合作，是团体的领导人；有用不完的精力做需要做的事，很快能掌握事情的实际情况及细节，是个实用主义者。很会解释事情，

有无边的慷慨，可随时为人服务。

眼睛亮，热情活力，爱照顾人，外向，有自然的单纯和天真；像一本打开的书很开放，没有个别的自我，发展成为一个真实的人物并接受完全的自己。

第三型人的亚类型

1. 2号：把自己当“大腕”

一般而言，第三型人的人格特质和第二型人的人格特质互相强化。因此，具有第二型翼型的第三型人非常有社交技巧：他们喜欢穿梭于人群之间，并乐于成为被注意的焦点；他们总是很有吸引力，善于交际且很受欢迎，不知不觉成为交际圈的“大腕”。他们对自己的人际魅力、幽默感、吸引力都很自信，这在相当程度上增强了他们的社会魅力以及他们对他人的激励作用。由于具有第二型翼型，这个亚类型的人更看重人际接触和个人表现，也更热衷于接近他人和建立人际关系。

根据第二型翼型的作用大小，健康状态下的具有第二型翼型的第三型人在情感和友谊方面一般要比具有第四型翼型的第三型人更为外向。

一般状态下的具有第二型翼型的第三型人希望自己和他人看到自己可爱的一面，因此他们特别热情地亲近他人，试图加入他人的行列以获取关注。

不健康状态下的具有第二型翼型的第三型人不仅通过欺骗的方式来获得自己想从他人那里得到的东西，同时自我欺骗。

2. 4号：把自己当“专家”

第三型人的人格特质和第四型人的人格特质可产生一种复杂的亚类型，其人格特质通常相互冲突。具有第四型翼型的第三型人较少看重人际技能，而较多专注于工作、成就和得到承认。

健康状态下的具有第四型翼型的第三型人富于直觉，且能把直觉指向自己及他人。他们具有较强的自我意识，所以他们比具有第二型翼型的第三型人更有潜力获得自我认识和发展自己的情感生活。

一般状态下的具有第四型翼型的第三型人对成功和声望仍很有兴趣，但在方式上比另一个亚类型的人更为含蓄隐晦。

不健康状态下的具有第四型翼型的第三型人摇摆不定，一会儿是第三型人的自我膨胀，一会儿又是第四型人的自我怀疑。

【九型应用】

假如你是职场中的No.3

第三型的你，重视成就，表现和效率。有时会变得专制。

身处职场，我建议第三型的你这样做：

- 不要过于目的性，留意双方的感受。
- 减轻自己的竞争意识，学会合作。
- 超越短期目标，建立长远目标。

第五章

第四型：自我型(Individualist)

——个人主义者的个人认知与发展方向

发现第四型人的人格特征

1. 三大状态下的第四型人简介

第四型的人具有艺术气质，多情，他们一生中都在寻求生命的意义或理想的伴侣，活在生命中某项事物的感觉中；

他们觉得必须找到真实的伙伴，自己才完美；

他们倾向于找到疏离理想的现存事物和世俗的错误；

他们被高深的情绪经验所吸引，表现出与众不同的一面；

无论在任何领域，他们的生命反映出对事物重要性和意义的追求；

他们很容易陷入负面情绪，却能表现出高度的同情心，去支持处在情绪痛苦中的人。

2. 第四型人基本形态一览

基本恐惧：有独特的自我认同或存在意义。

基本欲望：找到自我，在内在经验中找到自我认同。

对自己的要求：如果我忠于自我，我就完美了。

特质：浪漫，有幻想，喜欢通过有美感的事物去表达个人的感情；内向，情绪化，容易忧郁及自我放纵，追求独特的经验。

顺境（有独特认同时）：创造能力强，有直觉，有灵感，触感敏锐，立场坚定，严肃中有幽默。

逆境（没有独特认同时）：自我封闭，自我破坏，容易产生无助与无望的感觉，扮演受害者，沉沦在痛苦中。

处理感情的方法：寻求拯救者，一个了解他们，并且支持他们的梦想的人。

恐惧：平淡，被遗弃，寻找不到真我。对人若即若离，却又依赖支持者。

身体语言：刻意地保持优雅，没有大动作，慢；

面部表情：静态，幽怨；

讲话方式/语调：分明的抑扬顿挫，小心措辞，语调柔和。

常用词汇：惯性保持静默。

工作环境：工作环境自由自在；单独工作，有创意；不必做重复性的工作。

不能处理逆境时出现的特征；自虐抑郁型性格。

嫉妒：自我形象低，扮演受害者，玩感情游戏，情绪极度不稳定，自视过高，蔑视人，扮酷，自大。

警钟：利用幻想去加强感受；以内在感受作为自我认同的基础；内在感受经常转变；自我认同经常转变。

座右铭：世事无常。

典型冲突点：感觉被误解或不被重视。

优点：对人有深层的了解，愿意雪中送炭。

缺点：在感情上过度要求。

最适宜的工作环境：容许大量创意及突出个人风格。

不适宜的工作环境：刻板枯燥。

管理方式：独特，有品位，变化多。

令人舒服的地方：重视个人感受。

令人不舒服的地方：难以捉摸情绪的起伏。

沟通要点：给予贴身的支持；不要期望第四型人有稳定的表现，将焦点放在最后的成果；重视第四型人的感受，提醒他们不要被别人的反应影响太多；分清人与事，评估不等于批判；留心聆听第四型人的感受；要求第四型人在转变前详细衡量得失。

激发要点：鼓励第四型人有创意地达到工作目标；珍惜第四型人独特的风格；欣赏第四型人的美感及品位；第四型人有强劲的直觉能力，分析能力也强，鼓励他们善加利用。

时间管理：无边无际；解救方案；第四型人会因工作枯燥而放慢脚步，提议他用创意的方式驱走枯燥；提醒第四型人尊重别人的时间；预定时间表，及同意违例时如何处罚；无论第四型人的工作表现如何，都要对他的为人表示珍惜；第四型人在开始新工作时健步如飞，而接近尾声时会放缓脚步，应保持高效。

达成协议：表示尊重；慷慨付出，第四型人会有相应回报；称赞第四型人。

常见问题：游魂、做白日梦、做独行侠、歇斯底里。

解救方法：清晰目标及限期，定时检阅，永不被卷入第四型人的感情生活。

3. 在情感三元组中的性格体现

第四型人尤为看重情感的主观世界，不论是创造性方面，还是内倾和自我陶醉方面，抑或在自我折磨和自我憎恨方面，都体现出这一点。我们看到具有创造性的艺术家、浪漫主义的审美和神游天外的梦想家。

第四型人是最具自我意识的，这是他们最正面和最负面的东西的基础。

第四型人觉得自己与众不同，他们总想知道为什么自己会有这样的感觉，因此第四型人的整个人格方向是内向的，越来越自我陶醉。

第四型人倾向于以某些引人注意的方式来化解他们的情感矛盾。因为第四型人已经认同自己的情感，所以他们开始在各种活动中寻找强烈的情感。

然而，在健康状态下的第四型人那里，丰富的潜意识生活是可以获得的，并可以表现为一定的形式。

如果第四型人处在不健康状态下，他们的负面情感就会滋长，因为第四型人已经把自己完全隔离开来，以免受到其他影响。

第四型人通过持续的内心对话参照他们的情感反应来维持自我认同。当然，他们也希望别人认可其自我形象，但他们很少像第二型人或第三型人那样依赖于他人的确认。

4. 第四型人存在哪些问题？

第四型人发现要超越自我意识是很难的，因为他们渴望的东西正好与此相反：他们想要对自己的状态和情感有更清醒的认知，以便能够发现自我和获得一种稳固的内心感觉。

然而，一般状态下的第四型人的问题就在于，他们总想通过反省自己的情感来理解自身。随着他们逐渐向内去寻找自我，他们的自我意识变得越来越敏感，以致主观的情感状态成为了主导现实。

困难在于，一般状态下的第四型人在以个人的或艺术的方式表达自己的情感之前，对自己的情感状态是一无所知的。

5. 第四型人的父母取向

第四型人切断了与父母双方的联系。在孩提时代，他们既不认同母亲，也不认同父亲（“我不喜欢我的母亲，也不喜欢我的父亲。”）。他们因父母的婚姻问题、离异、生病，甚或因为家庭内部的人格冲突而有过不幸或孤独的童年。在某些情形中，第四型人也许有相对“正常”、没有坎坷的童年。

从孩提时代起，第四型人就觉得人生从根本上说就是孤独的。在他们看来，由于无法理解的理由，父母已经抛弃了他们，或者至少父母不把他们当一回事。由于成长时期同父母的关系基本上是断裂的，第四型人把发展自我同一性的基础建立在与众不同的方面。

当第四型人在健康状态下

1. 第一层级：极富创意，灵感丰富

非常健康状态下的第四型人最能从他们的潜意识中找到动力。他们已经学会了倾听自己内心的声音，同时能以开放的心灵从环境中获得启示。

最健康的第四型人已经超越了自我意识，他们获得了根本意义上的创造自由，能带给世界全新的东西。当然，创造力充沛的时刻来无影去无踪，因为创造力是难以维持的。

第四型人的创造力是矛盾的，因为他们能以普遍的方式表达个人的东西，能赋予个人的东西以意义，使其在他人那里激起回响，而当他们创造时，这种意义又是他们所意想不到的。

2. 第二层级：更新自我，及时自省

相对健康状态下的第四型人无法永远生活在如此高度的意识层级。

当他们从受到灵感激发的创造性时刻清醒过来，去进行反思或享受其创造力的时候，他们就会失去维系创造力所必需的那种潜意识。

受到灵感激发的创造力只能在创造行为中通过不断地超越自我意识来维系。这需要不断地，每时每刻地更新自我。

实际上，自我更新像一个过程而不是一个对象。

然而，第四型人开始担心他们无法在持续的情感与想法的转变中找到自己。他们无法定位自己的身份，因此他们开始自我反省，而不是任由自己的经验放任自流。因而，一旦他们试图获得某种特殊的身份，就会意识到自身的存在，从而失去灵感的自发特质。由此第四型人变成了自省的和反思的人。

3. 第三层级：表达自我，展露真实

健康状态下的第四型人需要表达自己的感受，所以他们很清楚直觉所说的关于自身的一切。他们是所有人格类型中最直接、最坦诚地向别人袒露自己最私人部分的类型。他们不会给自己戴上面具，也不会隐藏自己的怀疑和软弱，不管其情感或冲动是多么的不体面，他们也不会欺骗自己。

健康状态下的第四型人愿意向别人袒露自己的瑕疵和非理性，因为他们认为，对于自己是何种人这个问题而言，这些东西的出现并非偶然，而是反映了自己的人格真相。

如果他们不把自己好的方面和坏的方面、怀疑的东西和确定的东西全部向别人说清楚，他们会觉得对别人不够诚实坦白。在这个方面，他们确实有一些真正属于人的东西：有一种情感上的诚实和深度，一种接受考验的意愿，哪怕是以痛苦为代价，只要这样做是诚实的。

健康状态下的第四型人如同关心个体的独立一样关心对自身的诚实，即使要冒险遭受那些注重传统、习俗胜过注重自我实现的人的责难。

我们在健康状态下的第四型人身上发现，情感的坦诚很可能会激怒他人，有时会让他人陷入窘态，因为他人希望第四型人对自己不要这么坦诚。

当第四型人在一般状态下

1. 第四层级：想象丰富，唯美主义

一般状态下的第四型人总想成为富有创造力的人，但他们的创造力的个体性比较强而普遍性较弱。

我们可以看到，健康状态下的第四型人是艺术家，而一般状态下的第四型人只是把自己看做具有艺术家气质的人。在第四层级，他们寻求各种方法进行自我表达，但很少是自发性的，也很少有连贯性。他们的精力大部分用于创造一种模式，他们认为自己能从中获得灵感，所以其作品是偶然的。他们的创造力大多数只会停留于想象领域。

当然，不是所有一般状态下的第四型人都是艺术家，也不是所有的艺术家都必定是第四型人。不过，由于袒露自己的情感对于第四型人的情感健康来说是至关重要的，所以一般状态下的第四型人参加的所有艺术性活动都尤其值得重视，因为艺术和美是他们的替代者，是他们通过一种媒介向世界表达自我的手段。

2. 第五层级：浪漫幻想，自我陶醉

处在第五层级的第四型人缄默、害羞，且极端的个人化——他们是忧郁的外人，有着痛苦的自我意识。他们想要别人了解认为真实的自己，又担心自己会受到羞辱或嘲笑。这种担忧并非全然没有道理，因为第四型人可能具有一种与自己的背景或经历联系甚少的人格（例如，那些来自美国中西部小镇、带着浓重口音的人，他们的感受更为精致和复杂），此时，第四型人开始背离自己，但他们不像第三型人那样总想通过理想化的自我形象给他人留下好印象，他们的自我怀疑压抑了理想化的自我，包括最为诚实的想法和情感。除了最为亲密的知己以外，不想任何人了解他们的内心。第四型人为了把他们与世隔离的取向合理化而认为他人不可能理解自己的微妙情感。

3. 第六层级：自我放纵，自我怀疑

一般状态下的第四型人总觉得自己与众不同，因为他们以退缩的方式来追寻自己的幻想，结果真的和他人格格不入了。因为他们与众不同，所以觉得自己的需求就该以不寻常的方式来满足。于是他们以放纵欲望、为所欲为来补偿自己。他们觉得自己是规范的例外，是期望的例外，完全放任自流。结果他们变得完全地不受约束，在情绪与物质的享受上彻底地放纵自己。

第四型人总在力图创造一个特殊和连贯的自我形象，但是在第六层级，其自我形象是如此之狭隘，以至他们把自己抛掷到了黑暗的角落。由于第四型人主要是通过他们之外的、他们所讨厌的东西来界定自己，所以他们拒绝了正常的人类生活所包含的许多正常的日常经验。

他们不愿意做按部就班的工作，不愿意做饭或打扫卫生，不愿意让自己卷入任何形式的社交或群体事务。

他们为了自己的同一性而给自身的不确定性筑起了一道防护墙，他们讨厌那些野蛮人和厚颜无耻之徒，绝不允许自己成为其中的一分子。

当第四型人在不健康状态下

1. 第七层级：焦虑抑郁，自我疏离

自我放纵的第四型人认为自己毫无牵绊，自由地生活在一个自足的世界中。然而，这最终却成了一个新的焦虑之源：他们担心自己可能会失去实现希望与梦想的可能性，尤其是自我实现的希望。自我实现是第四型人朝思暮想的，但如果发生的一些事情使他们觉得梦想已经失去时，他们会突然觉得自己很失败。他们已经完成的和没有完成的事情现在都回到了原点，他们突然“螺旋式地进入”自己的某些核心之中，使他们既感到震惊，又想保护自己免于再失去其他的东西。不健康状态下的第四型人会因为自己所做的事情而感到生气。

2. 第八层级：憎恨自我，饱受折磨

神经质的第四型人转而以绝对的自我鄙视来对抗自己，只看到自己最不好的一面，每件事都痛责自己：以前犯的错、浪费的时间、不值得被人爱、没有体现作为人的价值。他们被这些强迫症式的负面想法紧紧抓住，而其无情的自我责备也变成了一种任何希望之光都无法穿透的妄想。病态的幻想最终变成了强迫症。

他们相信自己是生活中的例外，是供祭的牺牲品，因父母对自己以及自己对自己所做的一切而忍受无尽的痛苦。他们觉得被人冷落和拒绝，也为生存而感到内疚：未曾成就任何事情，没有他们，人们会过得更好。他们的自我憎恨就像电子加速器，将实际上不起眼的东西转成可怕的力量，把他们的自尊磨得一点不剩。

3. 第九层级：不如绝望，自我毁灭

许多神经质的第四型人相信自己完全无依无助，所以自杀是唯一可以解脱的手段。绝望的第四型人可能把拥抱死亡当做解决纠缠不休的生命难题的最后手段。死亡是抛开忧愁的好机会，也是他们祛除苦楚的自我意识的希望所在。

自杀不只是逃离内心的强烈痛苦的手段，也是对他人不予足够的帮助，不了解他们的需要，不知道关心他们的谴责。从第四型人的观点看，他人缺乏爱也不知道正是他们迫使第四型人放弃了生命。自杀是退缩的最终行动，一种把痛苦加在别人身上而不必有攻击性、罪恶感或责任感的攻击行为。

第四型人的发展方向

1. 解离方向→向2号看齐：分离，控制，嫉妒

第四型人应该像二号型人一样，跟随自己的条规生活，如不平常的、高贵的，和现实生活脱节。有美感与艺术的升华，周围美好的东西只有他会欣赏，他想回归大自然，察觉到自己缺乏自然、单纯，和自然有段距离。是简单和自然的反面，很严肃。经常被死亡、悲哀所困扰。感觉自己是个贵族被放逐在异乡，停留在过去，喜以仪式、文字戏剧性地描述他的内在心情，没有找到强烈的描述时，认为别人就无法了解。事实上他无法体会到自己的特别，常想我很平凡，你不会和我来往。他的怒火会很快会消淡，与消沉的艺术型来往，幽默很重要。

2. 整合方向→向1号看齐：脚踏实地，以事论事，有原则

很能体会别人的感受，对他人的悲哀、痛苦很容易感受到，有同理心及责任感。对超然的事有敏锐的感觉，有美的创造能力，有能力把消极的东西变成美及宇宙化（把垃圾变成能源）。常把自己带到所做的事上，使自己整个投入。有气派、高品位，敏感。有文化背景如日本、英国等国家显露此型。在我看来，第四型人在理解他人感受同时，更应该有自己的原则，以事论事，才能无愧于心。

第四型人的亚类型

1. 3号：把自己当“贵族”

第四型的人格特质和第三型的人格特质相结合产生一个亚类型——情感上既反复无常又充满矛盾。

健康状态下的具有第三型翼型的第四型的人善于社交且多才多艺，尤其在艺术方面既具创造力，又具“扬名”的内驱力，他们相信自己是何种人以及非常知道自己想成为何种人，他们关心的是自我更外向、更具能量的方面。

他人感觉不到自己是多么的脆弱和多么的情绪不稳。具有第三型翼型的第四型人好胜心强，对把世上的东西据为己有尤其感兴趣，但他们害怕成功，害怕自我暴露，也害怕可能会遭受到的屈辱。

不健康状态下的具有第三型翼型的第四型人基本上仍属于第四型人，所以他们的攻击性主要指向自己，他们自闭、疏离他人、抑郁、自我贬抑……然而，从一定程度上说，第三型翼型在整个人格中扮演着重要角色，所以在许多时候他们的行为更像不健康状态下的第三型人。

2.5号：把自己看成“波西米亚人”

第四型的人格特质和第五型的人格特质相互强化，两者都属于“退缩”类型：第四型人退缩是为了保护自己的情感，第五型人退缩是为了保护自己的安全感。

处在健康状态下的有天赋的个体可能是所有人格类型中最具创造力的，因为他们结合了直觉和洞察力、情感的感受力和理智的理解力，通常还有令人吃惊的原创能力，甚至先知般的预见力。

一般状态下的具有第五型翼型的第四型人不仅自我陶醉，而且喜欢神学和陷入宗教性的沉思。

不健康状态下的具有第五型翼型的第四型人寄居在一个极为贫瘠且恐怖的世界中。

【九型应用】

假如你是职场中的No.4

第四型的你，凭感觉做事，勇于创新，有决断力，有时会任性，意气用事。

身处职场，我建议第四型的你这样做：

- 从自我世界走出来，找到比自己更大的事物。
- 多一点理智，多关注结果。
- 学会控制自己的情绪，学会对自我的放松。

第六章

第五型：思想型(Thinker)

——探索者的个人认知与发展方向

发现第五型人的人格特征

1. 三大状态下的第五型人简介

第五型的人带着距离体验生命，避免牵扯任何情绪，认为观察更胜于参与，他们是需要高度隐私的人，如果得不到属于自己的充分时间，会感到枯竭、焦虑，因为他们需要静谧的心境来回顾事情，并体验在日常事物中难以感觉到的安定情绪；心态、生活对他们而言相当重要，他们具有对知识和资讯的热爱，通常是某一个专门领域的研究者；第五型的人把生活规划成许多区块，虽然他们不喜欢预定的例行公事，却希望事先知道在工作与休闲时他们被期望的是什么；他们是杰出的决策者和具有创意的知识分子。

2. 第五型人基本形态一览

基本恐惧：无助，无能，无知。

基本欲望：能干，知识丰富。

对自己要求：当我成为某一方面的专家时，我就心满意足了。

特质：热衷于寻求知识，喜欢分析事物及探讨抽象的观念，从而建立理论架构。

顺境（能干时）：理想主义者，对这世界有深刻的见解，专注于工作，敢于革新及产生有价值的新观念。

逆境（无能时）：愤世嫉俗，对人采取敌对及排斥的态度，自我孤立，夸大妄想，只想不做。

处理感情的方法：用抽离方式处理，仿佛是旁观者，百分之百用脑做人，不喜欢群体动作，对规则不耐烦。

身体语言：双手交叉于胸前，上身后倾，翘腿；

面部表情：冷漠，皱起眉头；

讲话方式/语调：平缓，刻意表现深度，没有感情。

常用词汇：我想，我认为，我的分析是……，我的意见是……，我的立场是……

工作环境：理论，逻辑，单独工作，无时间限制，不必管理别人。

不能处理逆境时出现的特征：与现实脱节型。

吝啬：有被吞噬的恐惧，抗拒感情牵绊，病态式的自我孤立，冷血、无感觉，延迟采取行动，认知导向，空虚感，内疚，自卑，负面，过敏，长时间独处，希望不被骚扰；有特殊专长，基本技能劣拙；想象能力极高，特别多恐惧；不期望被爱以防止伤害。

警钟：感觉被人或事掩盖时，实时退避进思维世界；从客观与安全的立场评估环境；与实际情况脱节；集中思维上的评论=抽离；累积的评论成为第五型人的现实。

座右铭：知识就是力量。

典型冲突：难以接近，令人（尤其是第二型人及第四型人）有挫败感。

优点：学者风范，有深度，处变不惊。

缺点：自觉高人一等，与人保持距离。

最适宜的工作环境：有足够的时间去思考及分析，不必做出实时响应。

不适宜的工作环境：公开竞争及对抗。

管理方式：远距离掌控。

令人舒服的地方：不感情用事，样样有数据支持。

令人不满的地方：太过冷冰冰，城府深，高深莫测。

沟通要点：不要侵犯第五型人的空间及时间；避免一切身体接触；不要求第五型人给予实时的反应，容许他们有时间思索；采取主动；不要对第五型人的思想或感受做出假设；第五型人不能处理人际冲突，帮助他们缓和此类困扰。

激发要点：赞赏第五型人的学识及分析能力；容许第五型人在采取行动前做出详尽观察；协助第五型人成为业内的专家；邀请第五型人评论其他同事的表现；让第五型人有足够的空间及时间去自我伸展；协助第五型人明了他们冷冰冰的态度对人的影响。

时间管理：私人时间；解救方案；容许第五型人有私人时间；第五型人擅于做事后分析，不要催促他们做出决定；第五型人容易将思考与行动混淆，以为思考过等于做了，帮助他们集中结果，及做定时检讨；一定要给予第五型人清楚的限期成事。

达成协议：准备充分的数据；做出全理性的讨论；让第五型人有足够时间思考。

常见问题：独行侠，神秘人。

解救方案：基本上容许他做独行侠，同时帮他看到他对小组的独特贡献，及小组对他的支持。

3. 在情感三元组中的性格体现

第五型人是思维三元组的一员。其潜在的问题来自于他们强调思考重于行动，过于聚精会神在思考上。第五型人极其注重思考，以至全神贯注于精神世界，他们这样做实际上可能是为了排斥其他事情。这不是说他们什么也不做，而是说他们更擅长于生活在心智领域，更擅长于从一个抽象的角度看待世界，而较拙于生活在行动的世界中。

思维三元组中的3种人——第五型人、第六型人和第七型人——都专注于自身以外的世界。

这似乎和第五型人专一于自己的思想这一现象相互矛盾，其实不然。第五型人把注意力集中于外部世界有许多理由，其中最重要的一个理由是他们思考的材料来自感官知觉，但对于感官知觉的准确性，他们又无法完全相信，因为他们无法肯定自身之外的东西究竟如何。他们唯一可以确定的东西就是自己的思想。因此，他们把注意力的焦点投向外在环境，同时也认同自己对外在环境的看法。他们的许多问题都源自于他们必须先去求证自己对世界的知觉与事实是否相符，然后才能有所行动，才能自信地探究。

4. 第五型人存在哪些问题？

与思维三元组的另外两种人一样，一般状态下的第五型人通常也有缺乏安全感的问题，因为他们害怕环境中不可预知的潜在威胁。而且，他们也觉得无力保护自己，以对抗世界中的许多危险：他们相信自己和其他人一样对环境无能为力，因此在成为第一之前必须先获得技能和知识，他们认为这些技能和知识是十分必要的，可以帮助他们在生活中做到事事圆满。

第五型人的基本恐惧就是对无助和无力的恐惧，这一恐惧会对他们的行为产生深远影响。

当第五型人处在健康状态下时，他们能够如其本然地观察现实，能够一眼穿透复杂的现象，因为他们一直置身于世界中，一直在磨练自己的感知力，然而，在寻求安全感的过程中，甚至一般状态下的第五型人的感知力也会开始发生偏离。

一般状态和不健康状态下的第五型人根本就没法确定自己对环境的知觉是不是有效，他们不知道哪些是真实的，哪些是心灵的产物。

不健康状态下的第五型人的思想世界就会变得虚妄，结果他们不得不与世界隔离，甚至不得不与自己的思想隔离。神经质的第五型人可能变得精神分裂，潜意识地将自己与心智世界隔离开来，如此他们才能继续生存下去。

5. 第五型人的父母取向

作为格式化的经验的结果，第五型人在孩童时期就对父母怀有某种情感，和第二型人与第八型人一样，第五型人也想在家庭内找到一小块属于自己的领地，找一个适当的角色，赢得父母的保护和抚慰，可不管出于何种原因，第五型人总觉得家里没有适合自己的位置，他们什么也不能做，父母也不需要他们做出什么结果。

第五型人仍然觉得父母、世界以及其他人是吸引人的和必要的，但他们也觉得必须与所有的人和事保持安全的距离，以免陷于被外界力量掳获的危险中。

因而，基于他们的思考方式即所谓的“认知风格”，第五型人在自己与世界之间建立起一种严格的二元对立：世上的一切事物本质上可分为两个基本领域——内在世界和外在世界，主体和客体，已知的和未知的，危险的和安全的，等等。这种截然的二分法——把自己划归为主体，把自身以外的世界划归为客体——在他们的一生中产生巨大的影响。

当第五型人在健康状态下

1. 第一层级：幻想学家，敢于创新

在最健康状态下，第五型人有一种强大的渗透和领会现实的奇异能力，能够总览万物的要义，从别人只看到虚无而混乱的东西中发现事物的规律。他们还能综合已有知识，在前人发现的看似无关的现象间建立起联系，例如，时空的概念、DNA分子的结构，或是大脑中化学物质与人类行为之间的关系等。如果他们有艺术天赋，还能发展出全新的艺术形式，或以前所未闻的方式革新已有的形式。这些创新常常成为别人学习和创造的新平台。

最健康状态下的第五型人不需要紧紧依附于对世界的思想观念，相反，由于拥有深刻的洞悉现实的能力，他们能够发现单凭理论思考无法获得的未知真理。他们能够准确地发掘真相，因为他们的意愿不只是去寻找答案，他们要以一颗开放的心去观察现实。

2. 第二层级：观察敏锐，感知未来

由于拥有卓越的智慧，健康状态下的第五型人能够透过事情的表面，很快地进入较深远的核心。他们的洞察力相当敏锐，因为他们拥有不可思议的能力，能直入事物的核心，发现异常、奇妙但此前未注意到的事实或隐藏的因素，为揭开全部真相提供一把钥匙。由于拥有这种成功的洞察力，他们总是有有趣的或有价值的事情可以与人分享。观察实际上正是第五型人整个心理导向的象征。如果观察到某个东西，也就是说被感官或心智所领会，他们就可以理解这个东西。一旦事情被理解，就可以掌握，进而第五型人就可以如愿地确信自己该如何行动了。

没有任何事情能逃过健康状态下的第五型人的注意，因为他们不是单纯、被动地观察这个世界，而是以一种专注的态度观察事物如何相互联系而构成了一定的模式、具有一定的意义。第五型人似乎是透过放大镜观察这个世界，人与物都一览无余地呈现在他们眼前。他们的心智是如此地活跃，能够随时随地发现有趣的事情，因此第五型人的生活从不枯燥无味。

3. 第三层级：专注一心，发明创造

由于第五型人对事物有非凡的领悟力和理解力，所以他们深刻的洞识总能让自己进入难题的核心，向他人明确地解释问题根源之所在，并提供可能的解决方法。健康状态下的第五型人之所以喜欢和他人一起分享自己的知识，是因为他们在和别人一起讨论自己的想法时常常可以学到更多。这也是为什么他们可以成为受人欣赏的老师、同事和朋友的原因。他们那份对自己想法的热情对周围的人极具感染力，并且他们乐于跟别的知识分子、艺术家、思想家等所有跟他们一样有趣的、有好奇心和才智的人一起维护自己的专业领域。

尽管健康状态下的第五型人喜欢和能理解、能欣赏自己见解的人在一起，但他们是极其独立的。这主要是因为创新、学习和创造都是单独的探险活动，最好是独自一人进行。

当第五型人在一般状态下

1. 第四层级：勤奋专研，付诸实践

由于第五型人很擅长概念和想象的游戏，所以当他们“专心致志”

的时候，对自己是很有把握的，可是从第四层级开始，他们开始逃避与世界直接接触。他们会花大量时间去把某个问题反复思考，但又犹豫要不要把这些想法诉诸实践。一般状态下的第五型人更热衷于“酝酿风格”，无休止地研究、收集更多背景材料，然后付诸实践。或者他们只是在想象中简单地设计一本书或一个发明，而从不把计划付诸实现。“我还需要一点点时间”，这就是他们反复使用的搪塞之辞。然而，他们这样做也不是没有理由：他们的犹豫不决是因为对自己处理世界的能力越来越缺乏信心。

一般状态下的第五型人认为自己不如别人准备得充分，所以必须去搜集自认为是“成就自身”所必需的各种资讯、技能或资源。为此，他们开始放弃社会活动，花越来越多的时间和精力去获取资源。他们的房间成了他们心灵的写照，里面堆满了各种各样的书籍、磁带、录影带、CD、小玩意，等等。

2. 第五层级：疯狂热爱，失去控制

一般状态下的第五型人明显退到内心的安全感中，他们对自身能力的不安全感却开始增强。首要的是，他们对自身狭窄的兴趣之外的事物投入的时间越来越少，也越来越不愿意尝试新的活动。他们转向用自己所拥有的内心力量和财力去获取自信心和力量，使自己能够在生活之路上走下去。不幸的是，一般状态下的第五型人常常错误地运用这种力量，他们越陷越深，沉浸在被他人视做细枝末节的琐事上，对能真正帮助他们的事物也失去了透视力。他们把无数的时间花在各种计划上，但又得不出什么结果，因为他们对自己和自己的观念更加不确定了，也因为他们害怕失去凭理智构建的安全感。

结果，第五型人认为自己没有任何内心力量可以利用。他们担心别人及自己的情感需要会让自己不堪重负，或至少会拉自己的后腿。他们相信一切都取决于获得一种技能或能力，这样才有机会在这个越来越没有怜悯和关爱的世界中生存下去。他们发自内心地渴望和他人建立联系，但又觉得这是不可能的，除非能获得自己在寻求的自信心和操控力。他们开始认为太多的社会互动侵占了自己的时间和空间，而自己应当用时间和空间来达到精通的层级。

3. 第六层级：愤世嫉俗，心神不宁

处在第六层级阶段的第五型人给人的印象是极端沉迷于自己的计划，但走近看一下通常就会发现他们大量的时间都花在了相对不重要的活动上。他们可能需要做一个总结，关注一下工作程序表或完整的计划书，而不是只读一些无关痛痒的书，为自己收集的资料搞一些详尽的电脑数据备份，或研究一些能提高自己象棋水平的棋谱。

他们越来越多地把时间花在对改善自己的处境毫无益处的活动中，实际上，这些活动不仅无益，反而有害，因为它们会使第五型人分心，忘记自己真正需要做的事。他们对自己没有什么把握，觉得完全没有能力参加太多活动——尤其是那些有可能改善自己生活质量的活动——所以只好让状况继续恶化下去，这样至少可以暂时让自己觉得生活还在“掌控之中”一般状态下的第五型人也许无法面对采访或学开车等活动，但在他们的想象世界中，他们可以征服世界，可以在核灾难中存活下来，或者可以发挥惊人的神秘威力。

处在第六层级的第五型人觉得极端心神不宁，对自己明显的无助深感焦虑，在他们看来，这种无助感俨如黑暗的、充满敌意的现实。他们觉得自己根本不可能在世界上找到一个容身之所，而事实上，他们让人厌烦的行为使这一点真成了现实。

当第五型人在不健康状态下

1. 第七层级：保持距离，孤独患者

必须与他人保持安全的距离，以保护自己对主控权的疯狂追求，这使处于第七层级的第五型人对自认为会威胁到自己的世界的所有人都抱一种对立态度。不幸的是，由于他们已处在十分不健康的状态，所以他们的自我怀疑越来越严重，觉得几乎所有的人和事都成了他们的威胁。在他们看来，保证安全的唯一方法就是切断和别人的联系，独处斗室。他们十分绝望，很难适应生活，对世界也十分反感。不健康状态下的第五型人确信自己在社会中已无容身之所，所以他们背对着社会，变得极端孤立和孤独，越来越孤僻，陷入虚无主义的绝望之中难以自拔。

当别人质疑他们的想法时，情况或者会更糟，当别人嘲笑和不理睬他们的想法时，就会激起他们的攻击性。为了维持自己仅存的且完全一厢情愿的一点点自信，不健康状态下的第五型人开始变得极其无礼：怀疑他人，认为他人的想法完全没价值，他人对问题的解决不过是一种幻觉，他人的世界不过是愚人的天堂。因此，不健康状态下的第五型人无意间激起他人的排斥，进而也对所有的人际关系产生敌意，感到虚无，但是，在这么做的时候，他们与他人的关系只会更加疏离，对与他人建立关系的可能性也更加不抱希望。

2. 第八层级：与世隔绝，内心恐惧

处在第八层级的第五型人很难分辨由环境产生的感觉印象和源于他们恐惧心理的感觉印象。因而，他们认为现实中的一切都是吞噬内心的恐怖力量，在他们看来，这个世界好像就是一个荒诞的噩梦，一种发了疯的景致，就像海尔尼玛斯·鲍希画作中的场景，在周围的环境中，几

乎没有任何东西可以作为获得安抚或重拾信心的源头。他们越是透过自己扭曲的感知力看世界，就越是感到恐怖和绝望。

随着其恐惧范围的扩大和恐惧强度的增加，越来越多的现实遭到日益严重的扭曲，以至于他们最后什么事都做不了，因为一切都弥散着恐怖的味道。于是，神经质的第五型人开始被恐惧症弄得能力尽失，没有生命的物体在他们眼中也呈现出不祥的样态：天花板就要垮塌砸向他们，躺椅会将他们掀翻在地，看电视会让他们得脑瘤，他们还会出现许多幻觉、幻听或幻视到大量扭曲变形的形象。

3. 第九层级：精神分裂，自我决裂

为了对越来越严重的恐惧和绝望有一点控制能力，神经质的第五型人尝试着使用一直在用的一种防御方法：隔离和分裂。但是，在这个病态阶段，这些方法对平复他们的恐惧感是无效的。他们的精神分裂变得越来越严重，通过把自己的心理分裂为令人恐惧的碎片，通过认同内心仅存的观念或幻觉，还可以给他们提供一点力量以应对自我的解离。但是，他们的恐惧具有一种无情的穿透力量，令他们感到世上无安全的地方可去，甚至他们的内心也不可靠。

从根本上说，神经质的第五型人相信自己再也不能抵御世上的敌对力量和内心的恐惧了。事实上，处在第九层级的大多数第五型人再也分不清这两个领域：它们已经演变成一种持续的痛苦与恐怖体验。在这个时候，第五型人想让一切都停止下来。他们渴望停止，想在忘却中终止一切体验。他们有两个主要方法可以做到这一点。

第一个也是最清晰的方法就是自杀。和不健康状态的第四型人一样，神经质的第五型人可能会结束自己的生命，虽然理由不同。第四型人毁灭自己是基于自我憎恨，是想以此默默地谴责那些他们认为伤害自己的人。第五型人走向自杀则是因为他们认为生命毫无意义、充满恐怖，根本没有理由再苟活下去。

第五型人的发展方向

1. 解离方向→向7号看齐：逃避，贪恋

五号型人要注意，生活在脑子里，在想法中，不是在感觉活动里。研究很多的学问，在理智中得到解答。避免别人侵犯他的领域，很静、很冷，远离人，常说让我与我的思想在一起，对认同、感受有困难。保护自己，在社交中很容易感到没面子，常害怕，采取退缩的态度，做每件事皆把自己藏在后面，对世界不感兴趣，拒绝任何人亲近自己，把知识存在里面，永远不满足，像老鼠一样贮存知识，感觉空、贫乏、无效率，将它投射出去，他觉得这个世界很讨厌，他把这充满敌意的感觉投射到外界，周遭的人憎恨他要伤害他。有智者和愚人的关系，有时又把自己想象成有智慧或伟大的人。无法向别人开口，隐藏自己的需要，以问题的口吻表达。他需要别人邀请，邀请他时他也会做一个很好的表达，有高度的观察能力。说得很少，对知识很贪心，认为永远无法找到完整数据来完成任务。

看上去很柔和、退让，要靠别人完成任务：可能从现实中隐遁或孤立，会有些奇怪的强迫性观念，甚而夸大妄想，要爱和温暖，但却不承认他的需要，要找个地方躲起来，常躺在角落里。

2. 整合方向→向8号看齐：实践自信

有见解、有洞察能力、广泛地了解现象并深入剖析它，是有创造性的思考者，对新事物有吸收的能力，有深度、有智慧，是思想家但不离开现实关系。我建议，第五型人应该与他人分享知识和见解。好奇、思虑敏捷没有事能逃过健康的智能型的注意，能穿越事情表面看到事情的重心、原理、架构及问题的重点，进到现实的关系中理智地综合整个事情，能看到每件事的动态并非不在脑子里而已。并将所拥有的知识应用于实践中。温和不威胁人，避免让人感到不舒服，用一种幽默的心情对待经验，并建立热情的关系。

第五型人的亚类型

1. 4号：把自己当成“反崇拜者”

在健康状态下的具有第四冀型的第五型人中，我们看到直觉、感觉和洞察力、审美感知力和学术天赋的结合，他们有可能投身于艺术领域，成为作家、音乐家、编剧、舞蹈指导等等，具有第四冀型的第五型人在许多描述中经常被忽视，因为他们与学术型或科学型的风格不太符合。

在一般状态下的具有第四型翼型的第五型人中，第四型翼型增添了情感深度，但在持之以恒的努力和与他人合作方面又造成了困难。具有第四型翼型的第五型人比具有第六型翼型的第五型人更为独立，他们抵制加诸自身的结构和底线。他们与环境相隔离，这既是因为他们太过专一于自己的思想，也是因为他们太过内倾，在情感上太过自我陶醉。

不健康状态下的具有第四型翼型的第五型人可能会沦落为令人虚弱无力的抑郁的牺牲品，同时还会受到攻击性冲动的烦扰。嫉妒他人与蔑视他人混合在一起；想要隔离自我对世界的渴望，与后悔这样做交织在一起。心智的冲突使他们的情感生活显得无望，而他们的情感冲突又使心智难以维持下去。

2. 3号把自己当成“解决问题达人”

【九型应用】

假如你是职场中的No.5

第五型的你凭自己的智慧，判断力和分析能力办事，理智但是缺乏人情味，能掌握大局，但喜欢遥控性的领导，善于策划疏于行动。

身处职场，我建议第五型的你这样做：

- 要懂得效果比道理重要。
- 学会与别人的合作，学会关注别人的感受。
- 更多的关注政治策略。

第七章

第六型：忠诚型(Loyalist)

——忠诚者的个人认知与发展方向

发现第六型人的人格特征

1. 三大状态下的第六型人简介

第六型的人把世界看做是威胁，虽然他们可能觉察不到自己处在恐惧中，他们对威胁的来源明察秋毫，为了先行武装，他们会预想出最糟糕的结果，他们这种怀疑的心智结构会产生对做事的拖延以及对他们动机的猜疑；他们不喜欢权威，也可以说害怕权威，参与弱势团体运动，而且在权威中难以自处，或者难以维持成功；某些第六型的人具有退缩并保护自己免受威胁的倾向，某些则先发制人，迎向前去克服它，因而表现出极大的攻击性；一旦愿意信任时，第六型的人会是忠诚而具有承诺的朋友和团队伙伴。

2. 第六型人基本形态一览

基本恐惧：得不到支持及引导，单凭一己的能力没法生存。

基本欲望：得到支持及安全感。

内在声音：如果我能够达到他人对我的期望，我就满足了。

特质：认同及服从权威，有责任感；面对异己者时，容易陷入强忍/攻击的矛盾中，因而变得优柔寡断，及过分谨慎。

顺境（得到支持时）：自我肯定；信赖别人和自己；容易与人结成亲密的关系，对待家人、朋友及所属的团体有持久的忠诚及承诺。

逆境（没有支持时）：缺乏安全感，极度焦虑；自我贬抑，有被虐倾向。

处理感情的方法：恐惧被遗弃，无人支援，对人太过依赖；对人有承诺感；值得信赖，同时保持独立，而防卫性颇强。

第六型人有两种：P6=惶恐；CP6=先发制人

身体语言：

P6：肌肉拉紧，双肩向前弯；

面部表情：慌张，避免眼神接触；

讲话方式/语调：声线微带颤抖，久久不入正题。

CP6：肌肉拉紧，刻意挺起胸膛；

面部表情：瞪起眼睛盯着人；

讲话方式/语调：故意粗声粗气，兜兜转转，不入正题。

常用词汇：慢着，等等，让我想一想，不知道，唔……，或者可以的，怎么办。

工作环境：

P6：选择做“打工仔”，需要规条及操作标准，容许自由发展，有时间追求自己的兴趣及爱好。

CP6：希望能够掌有实权，愿意跟从规条及操作标准，容许自由发展。

不能处理逆境时出现的特征：妄想狂型性格。

恐惧：犯错，未知，敌意，欺诈，不能生存，孤独，被出卖，去爱，应付不来，放手，缺乏安全感，迟疑，无决断力，妥协，过度谨慎，懦弱。

警钟：找寻外在的指引及支持；对将来充满焦虑；建立属自己的社交安全网谨慎前进、降低期望。

座右铭：伴君如伴虎。

典型冲突点：过多焦虑不断发问，令人（尤其三及七号）生厌。

优点：对盟友忠心耿耿，不遗余力保护“自己人”。

缺点：对人抱着质疑的态度。

最适合的工作环境：有清楚的权力架构，大家忠于找出真相。

不适合的工作环境：工作指引含糊。

管理方式：以解决问题及克服障碍为中心思想。

令人舒服的地方：是逆境中可信赖的盟友。

令人不安的地方：顺境时显得过分谨慎。

沟通要点：第六型人采取行动前需要得到大量及清晰的指引，并知道前路的危机何在；支持第六型人见步行步，望得太远产生不必要的焦虑感；第六型人感觉环境不清晰时会有焦虑，不时与他倾谈；不要一意孤行改变游戏规则，给予第六型人足够的时间去适应。

激发要点：以身作则，真诚、一贯的运作；称赞及调动第六型人的分析能力；主动指出可能发生的问题，去赢取第六型人对你的信任；被第六型人“质问”时，保持友善的态度，帮助他找到答案；鼓励第六型人对你的忠心及承诺。

时间管理：轨道式时间；解救方案；第六型人在开始行动前及完成计划前会拖延，帮助他克服内心的困扰；支持第六型人将内心的问题讲出来，要求第六型人与你一起订立程序，工作不会因为规则不清晰而停顿下来；第六型人在没有压力时会拖慢脚步，帮助他将焦点放在最终目标；提醒第六型人作息有时。

达成协议：第六型人对人性充满疑惑，会视协议为被占便宜，所以必须首先赢取他的信任及尊重。

常见问题：推卸责任、不懂变通。

解救方法：清楚的职权分配；采用另类处理方式。

3. 在情感三元组中的性格体现

第六型人很难相信自己的想法和能力，要知道一件事该怎么做，他们得参照别人而不是自己的想法。因而，虽然第六型人原本就认为某个思想体系似乎值得信赖，但还是会不停地去评价所有新观念，这些新观念不能与他们已信以为真的东西相冲突，不然就会改变他们已有的观念。他们总是在寻找某个东西的指导方针、权威给自己指引生活方向，告诉自己能做什么和不能做什么，给自己更明确的指示，给自己划定范围——总而言之，他们总在寻找安全感。

第六型人的关键在于认识到他们的矛盾性：他们人格的两个极端在攻击倾向与依赖倾向之间摇摆不定。他们觉得自己既是强大的又是软弱的，既是依赖的又是独立的，既是消极的又是具有攻击性的，既是甜美的又是尖酸的。要想预知第六型人从一个时刻到另一个时刻的心理状态，那是很难的。在每一层级中，他们都显示出一种与本书此前描述过的和此后将描述的层级都截然不同的人格。

4. 第六型人存在哪些问题?

思维三元组中的第六型人，其焦虑问题最为严重。第六型人会以自己的经验保持距离来转化焦虑，第六型人通过持续的活动来抑制焦虑。相反， 第六型人得知他们是焦虑的：有时能够抵制，有时只能屈服。

第六型人通常有两种不同的处理焦虑的方法：一种为恐惧症式的反应，更多恐惧症倾向的第六型人常常是通过某种依赖来应对恐惧。他们对自己的焦虑有很清醒的意识，因此会立刻求助他人，他们的自我怀疑很强烈，情绪也很脆弱，与第四型人颇为类似恐惧症倾向的第六型人相信保持低调就不会麻烦，尤其在他们认为会得到安全感的情势中，当冲突发生时，他们常常会息事宁人，尽可能在既定的职务原则和程序范围内行动，不越雷池一步。有恐惧症倾向的第六型人最为恐惧的是他们所依靠的人抛弃他们。

5. 第六型人的父母取向

作为其成长时期的经历的结果，第六型人与他们的保护者之间有一种关联。在儿童早期的发展环境中，这个保护者的角色应当是一个能提供指导原则、组织，有时还有纪律的成年人，这个人一般占据着家庭中传统的父权位置。

在大多数情况下，充当保护者的是父亲或类似于父亲的人物，如祖父或老师，但在许多情形中，母亲或哥哥姐姐实际上也可能扮演保护者的角色。还是孩子的时候，第六型人就想通过得到保护者的认可获得安全感，如果没有得到保护者的认可，他们就会觉得焦虑。随着渐渐长大成人，他们与保护者的关联转向认同保护者的替代者，比如他们可从中获得安全感的政府权威或信仰体系。

由于与保护者角色的关联，第六型人会强有力地内化他们与那个人的关系，不论那个人是爱他们，支持他们的，还是难相处的，具有破坏性的。在后来的生活中，他们与支配其童年岁月的那个人的关系会继续维持下去。如果第六型人在孩童时期觉得保护者角色是慈爱的，是向导和勇气的可靠源泉，那么成年后他们就会继续从他人那里寻找相似的指导和支持，这个他人可以是他们的配偶，也可以是他们的工作伙伴，还可以是他们的治疗师或者密友，他们会尽最大努力取悦这些人或群体，尽职尽责地按照既定的原则和指导方针做事。

当第六型人在健康状态下

1. 第一层级：自我认同，勇敢英雄

非常健康的第六型人学会了肯定自己。他们与自身的内在权威有一种和谐的关系，能信任自己，不会像一般状态下的第六型人那样不断地怀疑自我。因而他们为与他人以及——看似是自相矛盾的——自己结成平衡的关系确立了一个正面的基础。他们有安全感，受人欢迎，对自己也很放心。

自我肯定是内在的，是一个与内心力量以及自我认识保持联系的过程。一旦这个联系建立起来，第六型人就能拥有一种心灵的澄澈，能确切地知道自己在什么时间需要做什么。进而，非常健康状态下的第六型人会从自身内部体验到一种坚韧与刚毅，可以帮助他们完成生活中需要完成的一切。健康状态下的第六型人的自我肯定是一种真正有根基的特质，这根基就在于生命，在于一种只能从一个人的内心最深处提供的支持。

2. 第二层级：感染他人，成为朋友

在相对健康状态下的第六型人，也不能一直做到自我安定，也无法完全做到与他人和平相处。由于这样或那样的原因，他们害怕被抛弃、被孤立，他们已经失去与自己内在支持力量的联系，认为自己缺乏维系生存勇气的内在源泉，他们觉得需要他人的支持，他们的幸福有赖于维持安全的人际关系和结构，以增强自己的安全感。

简单地说，第六型人开始寻找可以信赖的人或事，因为他们逐渐失

去自信心，当他们处在第二层级的时候，这一点表现得还不是很明显，但已经与第一层级的自我肯定在方式上有了明显的改变。他们开始审视当下的环境，力图发现自己的同盟和支持者，或寻找能提高自己安全感与自信心的东西。

健康状态下的第六型人拥有一种迷人的个人魅力，我们很难确切指出是什么因素产生了这种吸引力，或者说健康状态下的第六型人何以能如此自如地吸引别人。不管怎么样，健康状态下的第六型人知道如何引起他人强烈的情感反应，左右他人的情绪。

3. 第三层级：忠诚度高，安全伙伴

健康状态下的第六型人如果觉得周围有不妥当的地方或发现他人在自己所在的系统内滥用权力，就会提出质疑。他们会尽全力反对不公或告诉他人共同体或环境中存在的问题。然而，正如我们将看到的，如果处在一般状态下，第六型人在这些情况下就会失去自制力，以消极的攻击性的方式去对抗他们不喜欢的人与环境，或把自己真正变成破坏共同体稳定，散布恐怖的阴谋家。但在健康状态下的第六型人那里，对权威的质疑反映了他们对公众福利有着真正的兴趣，是正直和诚实的真正代表。

在个人层面，健康状态下的第六型人能够发自内心地委身于已和自己形成特殊情感关系的人。他们为他人的福利付出心血，同时也希望得到对方同等的回报。这也就是为什么成为一个家庭的一份子对他们而言常常是很重要的，即使只是“朋友的家庭”。实际上，家庭是第六型人所寻求的情感支持与情绪稳定的象征。他们想要拥有能让自己依赖的人，想要自己能被人无条件地接受，并且有一个可以安身立命的地方。和家庭与朋友建立紧密的关系能使他们觉得自己并不孤独，委身于他人能够减轻自己被抛弃的恐惧。

当第六型人在一般状态下

1. 第四层级：尽职尽责，害怕添乱

一旦第六型人把自己奉献给某个人或者群体，他们就开始担心做任何事都会危害到人际关系的稳定。他们害怕“添乱”，害怕在某个方面做得太过，因为那样会危及自己的安全。他们觉得为了维持一种看似稳固、安定的生活方式，自己已经很努力了，他们担心周围的一切会出状况，因此想要进一步加固自己的“社会安全”体系，更努力地工作，以获得同行和权威的接纳与认可。

于是，一般状态下的第六型人甚至准备做出更大的奉献，承担更多的义务，他们坚持认为自己能够克服困难，把工作做下去。焦虑感使他们把自己置于责任的重负之下，因为他们想要确保自己的位置是安全的，确保自己不会无处效力，他们想要“面面俱到”，所有的角度都要考虑到、照顾到，随时为未来可能出现的问题做好准备。童子军的格言“时刻准备着”对于第六型人十分合适。处在一般状态下的第六型人可能会调用各路工作资源，或利用空闲时间维修自己的房子、处理家庭财务，别人也许想知道，他们是否会怨恨工作负担和压力太重。不过第六型人似乎对履行自己的义务与责任很热心，一旦压力减轻，就会给自己找更多的活干。

2. 第五层级：自我矛盾，悲观主义

第六型人认识到他们不可能同等满足其所效忠的所有人，显然，就他们的需要而言，有些人和情况要比其他的人和情况更为关键，但是，当被迫决定谁应当“让路”的时候，难以决断就会令他们甚为痛苦。因此，他们想要弄清楚谁是真正站在自己这一边的，谁是真正可靠的支持

者。处在第五层级的第六型人总想考验他人，以便知道别人是如何看待他们的。他们为自己而焦虑，为他人而焦虑，有时会对他人做出防御性的反应，有时会抱怨，有时则是两种方式并存。

这种两难处境常常会升级，因为一般状态下的第六型人开始对自己的思想、情感和行为表现出激烈的反应。这实际上是第四层级的第六型人喜欢事后猜疑的行为的进一步强化，但是在此时，情感的力度更大，也更反复无常了。一般状态下的第六型人总想保持冷静的头脑，如果事情一帆风顺，这基本上可以做到，可一旦出问题，其内心秩序就会立刻陷入混乱，并常常导致冲动性的反应，处在第六层级的第六型人似乎无法对自己的问题做出恰当的回应。他们也许会认为自己太过顺从，并开始猜测群体中的他人是怎么看待自己的；接着他们又断定维持自尊需要与他人为敌（包括权威），至少有时是这样。他们开始怀疑自己被人利用了，或者他人是否真的尊重自己。

3. 第六层级：恐被刺激，言行过激

与其他类型的人一样，退化到第六层级或更低层级通常表明，在孩童时期的环境中存在着极为严重的机能失调因素。

由于第六型人的问题关系着其与保护者角色之间的关联，所以年幼的第六型人可能认为其保护者的角色是不公正的和危险的。结果，成年的第六型人把这种关系投射到世界中，每到关键时刻就只看到威胁，只看到不可一世的威吓。

具有讽刺意味的是，由于更低层级的第六型人会借用这种不堪的早期关系在潜意识中界定自己，所以他们最终会运用许多同样的攻击性策略对付他人。这就像那样一种人，他们在童年时候因哭闹挨了打，长大以后，每当听到孩子哭闹，就会产生攻击性冲动，想要施以暴力。

在本来曾经十分可爱、讨人欢心的第六型人变得如此好战和如此独裁之前，要说服不了解他们的人不要相信他们是很困难的。他们现在是如此卑劣可鄙，毫无可爱可言，而且，由于他们独裁、好战的力量建立在心理转移基础之上，所以那种状态不可能长久。但不幸的是，因为他们的攻击性是真实存在的，所以有可能会持续很长一段时间，使他们可能会损害甚至危害到他人。

当第六型人在不健康状态下

1. 第七层级：虚张声势，依赖他人

曾经顽固地虚张声势，甚至觉得自己不再需要他人支持的一般状态下的第六型人，现在突然转变了。他们一面是满脸的眼泪和谄媚，另一面又厌恶自己不够坚定、不够强硬、不够独立，没有好好保护自己。

他们自觉胆怯，因为他们在尝试攻击性行为后无法继续坚持，虽然他们在尽量尝试着坚持。

由于不断地自我责难和强烈的不安全感，第六型人开始变得不健康，那种不安全感强化了其自卑程度，让他们觉得自己毫无价值。我们在一般状态下的第六型人身上看到的犹疑不决和捉摸不定在此明显地弱化了。不健康状态下的第六型人觉得自己很无能，不能胜任任何事情，随着焦虑感越来越强，他们变得极端地依赖同盟者或权威人物，如果原来的朋友和保护者已经抛弃了他们，他们会重新寻找一个人来依靠。

2. 第八层级：失去理性，漂浮不定

神经质的第六型人还被焦虑所驾驭，因为他们失去了控制焦虑的能力。当他们想到自己的时候，会变得失去理性和疯狂；想到他人的时候，则充满歇斯底里的妄想。

不安全感已经升级发展成一种漂浮不定的强烈焦虑，以致神经质的第六型人会亦理性地对现实产生错误的知觉，把每件事都视为危机，神经质的第六型人潜意识地把自己的攻击性投射到他人身上，因此开始形成被迫害妄想，因为神经质的第六型人不再认为自己的卑微感是个严肃的问题，而是怀疑别人对自己有明显的敌意。换句话说，他们由害怕自己转向害怕别人。

从一定意义上说，随着第六型人从一般状态变为神经质状态，前一种状态的恐惧开始以更强烈的形式上演，一般状态下的第六型人只是想要考验一下他人，以发现他人对自己的态度，而现在，神经质的第六型人肯定地得出负面判断。确信他人对自己有恶意，如果老板态度稍微严厉些，他们就会非理性地反应过激，认为自己就要被炒鱿鱼。如果和房东稍有冲突，他们就以为对方要把自己扫地出门，甚至会雇一个打手对自己实施打击报复。他们觉得周围到处是针对自己的密谋者，觉得每个人都在迫害自己，尤其是那些权威人物，第六型人确信这些人会来惩罚自己的失败。

3. 第九层级：自甘堕落，自我受虐

如果第六型人真的以过激的行动对恐惧感做出过度反应，或者如果他们忍不住要把自己的恐惧感和敌意投射到他人身上，他们就会为了引起他人的注意或为他人发生联系而自我毁灭性地堕落。由于不健康状态下的第六型人确信来自权威人物的惩罚不可避免，所以他们干脆自我惩罚，以抵消负罪感，逃避或至少减轻权威的惩罚。

这时他们就开始自残，这是另一种形式的颠倒。他们不再继续被焦

虑所控制，不再让自己生活在可怕的始终将降临的恐惧中，而是寻求以自我惩罚的形式来减轻环境的威胁。他们自行堕落，自己把自己打败了。具有讽刺意味的是，正如他们曾经把他人当替罪羊施以迫害一样，现在他们以同样的仇恨和报复欲望把攻击冲动转交自己。

第六型人的发展方向

1. 解离方向→向3号看齐：攻击，害怕

可以牺牲一切，服从法令、规条，当内在有自我反抗的情绪时，忠诚型仍曾将此压抑起来，继续听命；这些压抑会产生抱怨，情绪压抑日久，性情变得消极乖张，而将这些抱怨投射在别人身上。过份忠实于团体，理想是被父亲权威画像控制住，有很严肃的父亲。以教条式的方式面对问题，如查法令、公文做依据来展开行为，以免犯错，没有容忍矛盾的能力，过度关心察测每件事，在行为前要考虑到所有的不肯定，强迫性地注意外面的动力，这样的努力十分让人信任，对他而言这只是短暂的感觉。仍认为做的不够肯定，只觉得自己空虚、不肯定、焦虑、不清楚，有妄想倾向，认为每个人都在不守规条，要攻击这种不守规条的行为，自己是唯一守规矩的。他相信最好的攻击是最好的防卫，先压住人，控制住别人，本身是控诉者，把自己相信的规条即视为是正确的规条，常矫枉过正。有许多顾虑，以相反的态度面对这些焦虑，因害怕而攻击别人，因害怕才伪装的勇敢，对引起焦虑的事物太具攻击性，事实上是不守法。对自己的要求常会不合人性。

有忧柔的外貌，穿了装甲衣，生理上显出颈和肩的不适，怕自己会失控、怕被人认为失控，有种神经质的怕，没路可走时，变得十分不安全，外表友善，常笑笑说我不怕、不恐惧，心里是希望别人站在他那面，严肃无幽默感，崇拜英雄。因此，我认为第六型人最应该做的就是在做每件事之前，先战胜自己内心的恐惧，这样才会无所畏惧。

2. 整合方向→向9号看齐：内在的，平和，平衡

与人的关系上很平衡，容易与人亲近，能够与人互相支持、相爱，能够独自工作也能与他人平等工作，有充分的合作精神，他能够感受到真正的安全感，因他们信任自己，也信任值得信任的人。有许多动人的特质如美丽、友善、可爱、娇憨，就像小女孩、小男孩很有吸引力。他会保护他亲近、认同的人，和健康的忠诚型一起有一家人的感觉，能很忠实的让人依靠，努力完成托给他的事，尊敬人特别是那些有权威的人，也可能是权威的挑战者，因他要求权威的人真正是有权威的，领导的人是真正有能力领导众人的人。是有礼貌的主人，很懂得如何满足别人、招待人、关心人，有忠实温暖的情，这类型的人很会做父母，不溺爱且会诱导小孩成长。

第六型人的亚类型

1. 5号：把自己当成“自我防卫者”

第六型的人格特质和第五型的人格特质在某些方面是相互冲突的。第六型人一般是以同他人的关系为导向的，健康状态下的具有第五型翼型的第六型人结合了第六型人的组织能力、人际交往能力和第五型人的感知力、好奇心。他们有强烈的理性，这取决于第五型翼型在整个人格中所占的分量。

一般状态下的第六型人身上看到的焦虑感在具有第五型翼型的第六型人身上远比在具有第七型翼型的第六型人身上体现得强烈。但具有第五型翼型的第六型人比具有第七型翼型的第六型人更为独立，不大可能向他人要求确信、建议或要求他人帮助解决问题。他们可能会有一两个良师益友或值得信赖的人，但在大多数时候，他们会“自行解决”问题和焦虑。他们工作十分努力，对所认同的体系或集体极为忠诚，但这会导致强烈的宗派立场和与对手的竞争意识。

健康状态下的具有第七型翼型的第六型的人会越来越深地陷入妄想之中，强迫性地维护自己的安全，或是费尽心机去维护自己的地位，他们极端贫乏，常以滥用酒精和药物作为处理焦虑感与妄想性妄想以及激励自己、消除卑微感的方法，第六型的人带来的犬儒主义和虚无主义要素与不健康状态下的第六型人可怕的心理状态相结合，导致了越来越严重的孤独、绝望和反社会行为。

2.7号 “互为搭档者”

在健康状态下，具有第七型翼的第六型人热情活跃，他们能真正感知并享受世界，从广义上来看是唯物主义者。而第六型人往往能把第七型人活泼的一面和自己的聪明才智以某种方式相结合，就像是两个搭档的伙伴，结果通常会获得实质性的成功。

在一般状态下，具有第七型翼型的第六型人更世俗，凡事务实，也更有世界眼光。他们能把自己心中的热情应用于方方面面，甚至是不同的工作。他们追求的就是紧张、刺激，也享受这种肾上腺素上升带来的快感。

在不健康状态下，具有第七型翼型的第六型人既要承受强迫性的折磨，也具备破坏性的反社会倾向。他们在逃避焦虑感的同时，常常会陷入绝境。这时，他们可能由忠诚变得冷酷无情。由于不健康状态下的第七型人会走向失控，所以这一状态下的第六型人极端无情无义和危险，一旦爆发，就会变得极具破坏性而不再是那个可以合作的搭档，甚至可能会对他人产生毁灭性的影响。

【九型应用】

假如你是职场中的No.6

第六型的你，以人为本，重视团队，是一位忠诚的政策执行者，善于自我保护和处理危机，会建立防御性的领导模式，能以置之死地而后生的策略去领导下属和处理问题。

身处职场，我建议第六型的你这样做：

- 处理好自己与权威人物的关系。
- 多点正面的思想，学会控制自己的焦虑。
- 做了决定就踏实向前，不要迟疑。

第八章

第七型：活跃型(Enthusiast)

——热情者的个人认知与发展方向

发现第七型人的人格特征

1. 三大状态下的第七型人简介

第七型的人乐观，精力充沛，迷人，而且难以捉摸，他们痛恨被控制，而且尽可能保留很多愉快的选择；在不愉快的情况下，他们会从心理上逃脱到愉快的幻想中；第七型的人是未来的导向者，具有涵盖每件想要完成事情的内在计划，而且当新的选择出现时，他们还会适时更新内容，那份想保持生命愉悦的需要，引导他们重新架构现实世界，以排除有损自我形象的负面情绪和潜在打击；他们容易接受新的经验，新的人群和新的点子，是富有创意的电脑网络工作者、综合家以及理论家。

2. 第七型人基本形态一览

基本恐惧：被剥削，被困于痛苦中。

基本欲望：追求快乐、满足、得偿所愿。

对自己要求：如果我得到我需要的一切，我就满足了。

特质：外向，非压抑性，见闻广博，物质主义者，喜欢探索新鲜事物，深谙自我娱乐之道。

顺境（奔放快乐时）：拥有鉴赏力，令人喜悦，懂得充分享受生命，热情洋溢，活得精彩，多才多艺。

逆境（困于痛苦时）：粗鲁无礼，对人具攻击性，极度自我，为了满足自己的需求而伤害别人，沉溺逸乐，有时冲动得令人讨厌。

处理感情的方法：逃避痛苦、空虚感、面对自己给人带来的痛苦；过分强调个人的需求，很容易觉得照顾别人是负担。

身体语言：不断转动身体，坐立不安，手势不大。

面部表情；大笑或不笑，很少微笑，有不屑的表情，有时瞪眼望人。

讲话方式/语调：语不惊人死不休；一针见血，刻薄。

常用词汇：管他呢、爽、用了/吃了/做了再说。

工作环境：多元化，有趣，兴奋，多变；工作环境随便无固定架构，时间自由；用有创意的方法解决问题。

性格：犯罪倾向自恋型性格。贪食、不知足，放任式的享乐主义；反叛，无纪律，无承诺感，口甜舌滑，极端自恋，欺诈。

警钟：家花不及野花香；永远不满足现状；被将来可能发生的事情所吸引；不懂得欣赏当下；不会生恨；没有深度。

座右铭：变幻才是永恒。

典型冲突：信口开河，太多承诺。

优点：正面积极，化腐朽为神奇。

缺点：太过以自我为中心。

最适宜的工作环境：需要不时尝鲜、冒险，千变万化。

不适宜的工作环境：重复性的工作。

管理方式：构思计划，然后授权别人执行。

令人舒服的地方：有活力，有趣，事事向好的一面看。

令人不安的地方：虎头蛇尾，不愿面对问题。

沟通要点：容许第七型人创新及有梦想；帮第七型人视问题为成长的好机会；讲出要点及结论；不要长篇大论；第七型人不肯认错，将错误包装为学习机会；协助改变“承诺多，实践少”的陋习。

激发要点：拥抱第七型人的热诚及乐观态度；人际沟通令第七型人振奋，增加第七型人与人接触的机会；帮助第七型人将“大计”与实际的资源（时间、金钱、人际关系）配合；不期望第七型人百分之百跟随你的时间表；与第七型人平起平坐。

时间管理：游戏人间，解救方案，协助第七型人将焦点放在目标上，不浪费时间“吹牛”；帮助第七型人计划将来；第七型人讨厌案头工作，帮助他们将不喜欢做的文件工作在最短时间完成；尝试“三文治”方式。

达成协议：措辞精确，白纸黑字，尽量减少可利用的漏洞。

常见问题：践踏别人，玩世不恭。

解救方法：配合他人设定共同的目标。

3. 在情感三元组中的性格体现

第七型人是思维三元组的3种人格类型之一。其潜在问题的本质首先在于他们最有力的优势——机巧的心灵：他们的思维敏捷而善变。第七型人好奇心强，容易受到外界刺激，对新的观念和经验十分热衷。

第七型人很容易受到环境的刺激：他们对刺激有强烈的反应，并倾其所有地投入到经验世界里。值得注意的是，与第五型人不同，第七型人把他们的思想首先聚焦在这个世界和他们想要完成的事上，思考世界的可能性，思考未来的活动，这些都使第七型人感觉十分良好，能够帮助他们阻挡可能的痛苦情绪和内心焦虑。

当第七型人处在健康状态下的时候，他们的经验是获得大量满足的源泉，他们学着把许多事情做好，因为他们注意力的焦点就是在环境中进行生产。

然而，如果处在一般状态下，第七型人生活的焦点就从创造更多物品和经验转向了拥有与消费更多物品和经验，他们忙着使自己的生活充满刺激。然而，过度活跃终将使快乐远离他们，因为他们无法欣赏自己创造或拥有的任何东西。这就是处在不健康状态下的第七型人会成为堕落的逃避主义者的原因，行动越来越冲动和失控。

4. 第七型人存在哪些问题?

跟该三元组的其他两种类型即第五型和第六型一样，第七型人也有焦虑感的问题，且发展出了一套抵御焦虑感的思维模式和行为模式。

问题在于，第七型人越是用将来必会获得的预期的快乐来填充心灵，他们与自己当下所拥有的经验之间的联系就越少。结果，他们当下拥有的经验并不能真正地影响他们，也不能真正地满足他们。这就像我们听说过的，一个人一直想要看埃及金字塔，然而，到达金字塔边上后，又期待着当晚能在开罗享受一顿令人兴奋的晚餐，或想着回家给朋友看旅行拍的照片等等，以致“错过”了观赏金字塔。他的注意力总在别的地方，而不能集中在正在经历的事情上。这自然会减少经验带来的快乐享受，令第七型人永远处在饥渴状态。

随着快乐的减少，一般状态下的第七型人感到焦虑和不安全，为此他们投身于更多活动中。但是，由于他们变得过度活跃，一般状态和不健康状态下的第七型人不仅不能真正享受他们所做的事，反而变得更加焦虑，想更进一步投身于快乐的追求中。他们没有意识到，对他们而言，一旦陷入更多的寻求中难以自拔，再要走出这个恶性循环就越来越困难了。

5. 第七型人的父母取向

当他们还是年幼的孩子时，第七型人就与养育者脱离了联系，在其早期发展中，养育者是他们的镜子，照料他们，给他们关爱，给予他们关于个人价值的意识，养育者通常是母亲或母亲的替代者，但也不总是如此。

在有些家庭，是父亲或哥哥姐姐养育婴儿。不管哪种情形，第七型人都觉得他们的养育者存在问题。他们觉得自己与养育者没有关系，也不觉得他是可靠的、持续的养育之源。由于各种可能的原因，第七型人面对其养育者的形象有一种受挫感：他们不认为自己可以依靠养育者来获取所需的东西。结果，第七型人总想通过自己来补偿自认为没有获得的东西。

无论出于何种原因，害怕被剥夺都是第七型人的基本动机。其心理硬币的另一面则是：第七型人要求其所有的欲望都能得到满足。拥有他们认为可以带给自己快乐的一切，就象征着得到照料，拥有他们觉得总是抓不住的幸福感。

当第七型人在健康状态下

1. 第一层级：吸收经验，享受当下

他们以极度的喜悦拥抱一切，首先是拥抱生存本身这个难以言喻的现象。生命是如此的奇妙，令人敬畏和惊奇，非常健康状态下的第七型人能够在每件事情中看到美好的一面，即使是他们未曾思考过的事物都能使他们感到快乐。生存本身不可思议的丰富性对他们有深远的影响，从内部改造着他们，使他们的内心生活——精神生活——成了对他们而

言的一种现实。因此，甚至生命的黑暗，以及令生命走向终结的死亡的阴影，都无法令他们感到忧惧，因为这些现象也都是他们真诚拥抱的生存的一部分。矛盾的是，当第七型人能够最真诚地拥抱生命中的一切的时候，很少会依附于它或它里面的任何东西。

由于他们怀着感恩的心情把每件事都视为礼物，而不是为满足他们的需要而存在的东西，所以他们学会了欣赏事物，好像它们就在自己心中，而不只是消费的对象。

2. 第二层级：乐天主义，热情洋溢

处在第二层级的第七型人仍非常积极，精力旺盛、热情洋溢。然而，他们还没有充分消化当下的经验，就开始预期未来的经验；他们开始思虑自己想要做的事，或思虑如何获得他们认为要得到幸福所必需的经验与事物。于是，他们开始渐渐偏离直接经验，那种直接经验也很难比他们满足。

由于健康状态下的第七型人的注意力焦点指向周围的外部世界，所以其积极处世的方式与其他人格类型截然不同。感觉世界刺激着他们，令他们兴奋，而他们也希望兴奋能一直持续下去，并以尽可能令人愉快的方式持续下去。他们的心灵被有形的世界万物刺激着，能立即指向他们的潜意识经验，因为他们能迅速意识到外部现实，并对其作出反应。

3. 第三层级：多才多艺，活力四射

他们对生命产生了一种务实的实用主义态度，他们知道，想要拥有足够的自由和财力，拥有令人满意的生活，就必须多才多艺，第七型人对自己的创造性成果和工作业绩很满意。

通过把强大的生命活力与高涨的生活热情结合在一起，健康状态下的第七型人多才多艺，具有创造力，只要专心致志，就能把事情做好，就能给他人贡献许多有价值的东西。他们是全能的多面手，多才多艺，拥有数不清的技能，他们是如此擅长各类事情，成为在各个经验领域间搭建桥梁的人。他们拥有广泛的知识，尤其是实务经验相当丰富，此外，各种兴趣也都能充分发展。

作为一个群体，健康状态下的第七型人可能是所有人格类型中最能干的，如果智力非凡，他们可能会是神童。

当第七型人在一般状态下

1. 第四层级：鉴别力强，经验丰富

处在第四层级的第七型人通常意识不到他们的焦虑感，而是给它贴上“烦躁”的标签。具有讽刺意味的是，作为一个如此正面和如此热爱生活的类型，第七型感到烦躁的时候远多于其他类型。这是因为烦躁对于第七型人所代表的意义远甚于其他类型。当第七型人说他们很烦的时候，实际上常常是说环境中可防止他们焦虑的能量或刺激不够充足，他们的意识中总是存在痛苦或不开心的感受，所以第七型人觉得他们需要“改变一下舞台”。

这种导向的结果就是，一般状态下的第七型人开始积累大量经验。他们不停地向别人请教了解最新的影片，本地最好的餐馆，最有趣的个人成长研讨会等；他们喜欢聊天，喜欢给人讲故事，喜欢与他人一起分享冒险的乐趣；他们也可能到处旅行，常常翻阅他们到过的许多地方的简介，看到简介越来越厚，他们感到很满足；如果他们喜欢看书，便会大量购买，其数量是他们根本读不过来的，结果常常就是床头摆满了只

读了一半的书。

2. 第五层级：过度活跃，瞬间幻灭

由于一般状态下的第七型人不会拒绝任何事情，因此，他们会使每天的24小时充塞着各种经验。他们渴求多彩多姿的变化，总在寻找新奇的、不同的事物来愉悦自己的生活。在他们看来，生活的步调越快越好。

他们对于思索自己的行为或停下片刻反省下那成堆的活动的内在意义没有丝毫兴趣。实际上，他们做什么事都十分快——吃得快，说得快，想得快，这样才能够尽快地参与下一件事。他们习惯于让生活的步调全速运转，稍稍迟缓一点都会令他们感到无聊和沮丧。

享乐是他们生活的指导原则，每件事都应该是好玩的。一旦觉得不是如此，他们马上会失去兴趣并迅速转移到其他事情上去。第七型人爱好社交、喧哗以及多姿多彩的生活，他们具有公众人物的性格，生平最喜爱的事物莫过于和有趣的同伴在宴会中把酒畅谈，听听人们说一些他们做过的有趣的事，然后高呼“太妙了！”

3. 第六层级：享乐主义，等待爆发

在第六层级，一般状态下的第七型人觉得压力十分大，内心的忧伤和恐惧日益加深，总想爆发出来。他们开始为挫折而焦虑，因此需求变得更多，尤其是需要那些曾经吸引或取悦过他们的东西。现在，他们变得贪婪而急躁，坚持要别人必须迎合自己的需求，所有想要的都必须立即获得满足。他们无法忍受任何生理或情绪上的不适，或者是任何的不方便。他们要求自已渴望的一切立即得到满足。

对第六层级的大多数第七型人而言，拥有大量财富成为最重要的价值标准，因为只要有了钱，就可以得到想要的东西。他们把所有的钱都花在自己身上，结果通常是负债累累。他们无法拒绝任何事情，因此只要能够用信用卡得到所需要的，就没有理由不立即让自己满足。即使没有太多的钱，也要发挥最大的优势去得到想要的东西，比如为了钱而结婚或再去挣更多的钱，反正就是要维持已经习惯的那种派头。

当第七型人在不健康状态下

1. 第七层级：言行冲动，自我逃避

不健康状态下的第七型人让自己保持在活跃状态——实际上是保持在逃离状态——就像冲浪者在浪头袭来之前要站在浪头顶端一样。他们变成为真正无可救药的逃避主义者。我们在一般状态下的第七型人身上看到的无节制的过度活动已经退化为完全不加甄别的行为，任何事物只要能够提供快乐或有助于消除紧张焦虑，他们都来者不拒。他们沉溺于酒色，纵情于淫乐，直到把自己折腾到筋疲力尽为止。他们越来越沉迷于声色犬马，因为他们总在寻求新刺激和新的逃离自己的办法。他们变得如此的荒淫无度，以致都无法也不想集中注意力或对外界有真正的接触。

在第七层级，甚至快乐享受的现象都消失不见。虽然他们仍可能讲笑话、说“趣事”，但声调已明显接近愤怒的边缘。

2. 第八层级：极度混乱，有强迫症

由于一直在同抑郁作斗争，一直努力从喜爱的娱乐活动中得到快乐。因此不健康状态下的第七型人担心自己会完全丧失享受快乐的能

力，甚至担心会丧失获得真正快乐的可能性，结果，他们从冲动退化为疯狂，进入一种完全逃避自己的状态。为感受某个东西，他们愿意做任何事。他们想尽办法尽可能多地投身于野性十足的活动中，让自己的能力得到充分发挥，使自己免于体验焦虑感和羞耻感。与其他类型的许多人相比，第七型人更容易让人觉得他们很完美，至少在某些时候是这样。不过，神经质的第七型人对环境和人际关系造成巨大的破坏，因为他们的行为和情绪完全失去了控制且极度不稳定。他们就像龙卷风一样，行为极其混乱，也完全无法预测。

3. 第九层级：焦虑来袭，惊慌失措

疯狂的第七型人终于把四周的事物“消耗”殆尽，再也没有什么东西可以拿来稳固自己了。

这时候，原来还能够通过让自己保持在活动状态来加以压抑的焦虑终于闯入了意识中。此时他们已无处可逃，已没有东西可以依赖了。结果，他们进入一种歇斯底里的恐怖状态，仿佛自己被发怒的野兽追杀一样。

“歇斯底里”在此是从流行的意义上说的：无故恐慌、战栗，无法以行动或做任何事来帮助自己等等。对他们而言，这实在太恐怖了。

那些一度冷酷、拥有许多财富而且似乎完全能够照顾自己的第七型人，突然之间被洪流般的焦虑所击倒，并且无处可逃。

他们曾经使用过的防御机制也在瞬间彻底瘫痪，只留下神经质的第七型人，成为势不可当的焦虑的猎物。当然，即使对一般状态下的第七型人而言，焦虑极具威胁性，因为他们的焦虑来自潜意识，一个不为自己所知的领域。但是，这种情况对神经质的第七型人而言更为严重，意识到焦虑的瞬间，他们突然觉得自己仿佛被吞灭了。一度显得如此可靠坚固的有形世界，却不足以拯救他们脱离这不可名状的恐惧，当他们潜意识中的内容闯入意识中的时候，那种恐惧就彻底地吞没了他们。

第七型人的发展方向

1. 解离方向→向1号看齐:发怒，贪食

第七型人往往没有能力容忍生理、心理的痛苦，拒绝意识到事情进行的不对，因为无法面对痛苦的事件，每件事都好玩、容易、轻松，童年有快乐突然中断的经验。成年后放纵自己的欲求变得很贪心，只关心自己的满足，试着要恢复以前的温暖，食美味，总感到不够，因此过度的索求，如看到酒就要喝够，外表像可爱的宝宝，是强迫性的乐观者，常说哪儿哪儿很好玩，他觉得每件事都伟大、奇妙。每次旅行都是美好的，没有不好的。贪，会影响对未来的看法，不会实际地看未来，整天做白日梦，期待未来，今天好，明天会更好，事实上什么也不好：贪，会影响对过去的怀念，常把过去抓得很紧，只记得好的，对过去的痛苦会升华，讲很多话以减少痛苦、紧张，常用比喻来说他的痛以躲开痛苦，如此便能与自己不快乐的感觉切断。

表面上看来友善，人格组成停在肤浅的地方，当对一件事能发表意见即对此事有兴趣，如要专注的深入谈话就感到厌倦且尽快的转换个话题，只粗浅的涉入。第七型人应格外注意，你常常在计划，但不一定实际去做，对每件事都有兴趣却不持久，常说以后做，有兴趣时再研究研究。

持续的行动，没有目标的行动，逃避现实生活，逃到计划、方案中而忽略现实，在为过去、未来做梦，无法警惕到计划和现实的不同，无法实行计划只是忙着做计划。

2. 整合方向→向5号看齐：深度，高度

第七型是九型中最喜悦的一型，能充分享受生命醉心于愉悦的生活，是永久的乐观者，无论人生多糟他都会找到令他愉快的事，散发着轻松愉快的活力，在人群中闪闪发光，直接使别人快乐，很幽默，是好司仪，伟大的讲故事人，会欣赏人、大自然及周围的世界，能够在每件事上找到美好的一面，每件事都是上天的恩宠，能感恩，接受任何东西，要求不多不贪心，即使面临困境都能从最适切的角度看待并能自其中得到快乐，生活在现实现地，对生命抱着庆贺心情。有实际的行为不是用想去解决问题，是资源很丰富的人，相当多才多艺，很容易有永生的喜乐。但是，我必须提醒你，有喜乐之心是好事。与此同时，也要有危机感。人无远虑，必有近忧，不要乐极生悲才好。

第七型人的亚类型

1. 6号:把自己当成“表演家”

在一定程度上，第七型的人格特质和第六型的人格特质之间是存在张力的：第六型人以他人为导向，而第七型人以能够真正满足自己的需要的事物和经验为导向。

健康状态下的具有第六型翼型的第七型人极其多产，且有着富于感染力的热情。他们可能特别爱开玩笑、特别孩子气、人来疯、傻得可爱，尽管让人捉摸不透，但身上总有一种天真无邪的气质，对生命中的善端深信不疑。

一般状态下的具有第六型翼型的第七型人是多产的，但第六型翼型的恐惧会加剧第七型注意力不集中或分散的倾向。他们缺乏安全感，与具有第八型翼型的第七型相比，对焦虑有更强的意识。

不健康状态下的第六型翼型的第七型人展示了不健康状态下的第七型人反复无常的疯狂特质以及第六型人胆小、有依赖性的特质，所以他们无休止地追求“玩伴”，后者将成为其不幸遭遇中的“共谋”，可帮助他们摆脱严重的恐惧感和痛苦。

2. 8号：把自己当成“现实主义”

因为第七型和第八型都是攻击性的，所以这两种类型的人格特质结合在一起，产生了一种极具攻击性的人格类型。具有第八型翼型的第七型人的攻击性体现在两个方面：对环境提出各种要求和用自我的力量强化这些要求。没有听说过有谁不会令具有第八型翼型的第七型人感到灰心。他们极端武断和勤奋，也比具有第六型翼型的第七型人更以目标为导向，更讲求实际和更具雄心壮志。他们利用自己的内驱力和高昂的热情去维持一种紧张、积极的生活方式，很少担心周围的人会从中作梗。他们的自我力量相当大，第八型翼型使其更能把注意力集中在任务和目标上。

健康状态下的具有第八型翼型的第七型人热情活跃，因为他们基本上属于第七型人。他们能真正地享受世界和世界所提供的东西，是最广义上的唯物主义者。

与有着第六型翼型的第七型人相比，一般状态下的具有第八型翼型的第七型人更讲求实际、更世俗，也更有世界眼光。

不健康状态下的具有第八型翼型的第七型人既要承受第七型的强迫性的疯狂折磨，也具备第八型破坏性的反社会倾向。

【九型应用】

假如你是职场中的No.7

第七型的你，做人做事没有固定的模式，喜欢变革创新，具有乐观积极的领导风格，能发掘下属的发展潜能。

身处职场，我建议第七型的你这样做：

- 脚踏实地完成眼前的工作。
- 要放慢自己的步奏，变得更加有深度。
- 学会接受批评中的正确观点。

第九章

第八型：领袖型(Leader)

——挑战者的个人认知与发展方向

发现第八型人的人格特征

1. 三大状态下的第八型人简介

第八型的人独断，有时具有攻击性，对生命抱着“一不作二不休”的态度，他们通常是领袖或极端孤立者，善于关心和保护朋友，他们知道朋友在想什么；他们关心正义和公平，而且乐意为此而战；第八型的人格外追求享乐，从和朋友喝酒作乐到理性的讨论都有；他们能觉察到权力的所在之处，使自己免受他人的控制，他们具有支配力；第八型的人会忠诚的运用自己的力量，并毫无倦怠地支持有价值的条件，常成为人群中的领导人物。

2. 第八型人基本形态一览

基本恐惧：被认为软弱，被人伤害，控制，侵犯。

基本欲望：决定自己在生命中的路向，捍卫本身的利益，做强者。

对世界的要求：如果我坚强及能够控制自己的处境，我就满足了。

特质：彻底的自由主义者，敢冒险，是掌舵人、创业者；任性、好战、不会屈服于权威之下，而会另建王国。

顺境（有权有势时）：英雄人物，勇敢宽大，有自信，是天生领袖，对人有启发及鼓舞的作用，令人尊敬。

逆境（没有权势时）：残暴并具攻击性，没有同情心，欺凌弱者，自大，复仇心重。

处理感情的方法：恐惧被人控制或驾驭，与人亲密（信任及关怀令人脆弱），对人防卫性强，不让人接近，强化外壳，防止受伤。

身体语言：用手指指，教导式，大动作；

面部表情：表情上面，多变化；

讲话方式/语调：肯定，直接点题，声如洪钟。

常用词汇：喂，你……，我告诉你……，为什么不能？去，看我的，跟我走。

工作环境：容许自己领导、控制、组织；喜欢挑战、与对手竞赛。

不能处理逆境时出现的特征：反社会型性格；剥削导向；贪欲、色欲、权欲、财欲、惩罚性，反叛，支配性，感觉迟钝，骗子，暴露狂，愤世嫉欲；反智。

警钟：执着地追求自给自足；恐惧依赖，认为自己不需要任何人；独立才是最好的“自保”，与世界对抗，样样都是挣扎；不喜欢受命于人，宁愿冒险创业；必须掌握环境，竞争等于占上风。

座右铭：誓不低头。

典型冲突点：霸道，强权，没有“中间位”。

优点：贯彻，勇敢，真诚，公平。

缺点：干预性强，控制欲强。

最适宜的工作环境：可建立王国，有竞争及发展的机会。

不适宜的工作环境：与人分享权力。

管理方式：极权，“一言堂”堂主。

令人舒服的地方：赏罚分明，受其保护。

令人不舒服的地方：做得好未必赞，做得不好肯定骂。

沟通要点：保持眼神接触，立场坚定；不要与第八型人辩论，辩论等于挑战权威；第八型人不需要别人称赞，也低估称赞的重要，鼓励第八型人赞人；提点第八型人协调他们的强势；第八型人尊重敢讲出真相的人。

激发要点：第八型人要求公正，被尊重，直接沟通；公平竞争才能建立信任；协助第八型人发展领袖能力；第八型人替“自己朋友”争取；也会替自己的权益争取；第八型人需要拥有自己的地盘/王国；第八型人认定目标后竭尽所能、全情投入。

时间管理：控制时间；解救方案；压力之下第八型人眼光容易收窄，提醒他们留意大前提及不断评估；让他们知道团体力量远超个人力量，给他时间去招募别人加入；提点第八型人祸从口出，要慎言。

达成协议：声线坚定；不要期望第八型人妥协；只能讲出事实；盼望达到双赢局面。

常见问题：霸王，强势欺人。

解救方法：让他知道尊重是一条双向路；令他明白他的强势使人不敢说出真相。

3. 在情感三元组中的性格体现

第八型人是本能三元组的3种类型之一。该三元组的3种人格类型以不同的方式避免自己受到环境的影响：第八型人支配环境，第九型人忽视环境，第一型人则试图完善，而第八型人则倾向于在环境中强有力地表现，这样就没人也没有什么东西能胜过他们。

在九型人格中的9种人格类型中，第八型人最具公开攻击性的人格。他们与自己的本能冲动建立了一种强有力的联系，这使他们有旺盛的精力和强烈的渴望，以有意义的方式影响世界。本能三元组的重要主题之一就是抵抗。该三元组的所有3种类型都会部分地抵抗自己和他们的环境。第八型人的特殊抵抗形式就是面对环境中的冲突，他们根据斗争和忍耐力来看待周围的世界，相信自己必须持续不断地投身于与环境的斗争，否则就难以继续生存下去，这一观点把他们引向了一种强有力的专断式的自我表现，由于他们如此喜欢表现自己，并且通常得出对自己有利的结果，所以，第八型人对权力产生一种强烈的自信心。

4. 第八型人存在哪些问题?

本能三元组中的3种人格类型有共同的问题，那就是攻击性以及因压抑而造成的自我发展不良。这3种类型的人都具有攻击性冲动，但第九型人会将这一冲动完全压抑，第一型人会将之升华为理想主义的工作，而第八型人则完全且强有力地将其表现出来。还有，这3种类型的人都压抑自我的某个方面，结果对他们的人格造成了特殊的影响：一般说来，这3种类型的人都认为自己不会有什么不对，所有的重要问题都出在他们之外的环境，所以，第八型人要控制环境，第九型人忽视环境。尤有甚者，借由压抑的保护作用，他们对自己的行为后果不再有焦虑感，所以他们的生活不大会受情绪冲突或自我怀疑之类的问题困扰。基本上，驱使第八型人的力量是一种恐惧，即害怕被他人主导、伤害和控制。正如我们刚刚已经看到的，他们认为这个世界完全是一个“自相残杀”的场所，而他们绝不愿自己“被吃掉”。因此，第八型人相信，他们必须奋起保护自己，与残酷的生活现实作顽强的斗争，但为此必须压抑自己的多愁善感和妥协软弱。

5. 第八型人的父母取向

还在幼儿时期，第八型人就对养育者有一种矛盾情感，这一形象在第八型人的早期发展过程中是一面镜子，不仅关心他们，还提供给他们关于爱和个人价值的意识。养育者通常是母亲或母亲的替代者，但在有些家庭，充当这个角色的也可能是父亲或哥哥姐姐。第八型人对养育者没有强烈的认同，也无紧密的联系，但在心理上，他们也没有与养育者形象完全脱离联系，这一点又和第七型人相似。

结果，第八型人明白了，他们应和养育者保持一定的联系，融入家庭之中，充当其中的一个角色来补充养育者的角色。养育者形象体现了母性特质：温暖、呵护、养育、认可、温柔、敏感。因而，第八型人认同补充性的父权角色，他们明白，获得价值感、爱和养育的最佳方式就是成为一个“强者”，一个小小的保护者，别人要向他们寻求力量和指导，尤其是在陷入危机的时候。接着第八型人完全地认同养育者角色，觉得放弃它就会失去自我认同，就没有希望得到他人的爱或关心。

当第八型人在健康状态下

1. 第一层级：心胸宽广，同情心强

伟大的事业作出让步。他们是真正无私的：不是以消极无效的方式——留存着他们全部的旺盛精力和活力——而是完全不计私利地为他人着想。健康状态下的第八型人明确地知道，为了更大的善应当做什么，并且会真的付诸实践。

他们也知道不能按照自以为是的冲动贸然行事，相反，要尽可能让内心保持平静，等待更深刻、更真实，并非基于恐惧和直觉反应的冲动由内而发。他们控制着自己和自己的激情，当他们能强有力地与他人对抗时，即使他们真的选择这么做，也不会以行动来证明其真实力量的强大。矛盾的是，如果第八型人能够自制的话，看起来反而会更强大。他们宽大为怀，予人自治权而不支配别人。

2. 第二层级：自我保护，自立自强

如果他们陷入恐惧，害怕受到他人的伤害或控制，就会渴望保护自己，成为自立的人，他们总想走自己的路，所以想要对抗环境，坚持己见，造就和加强自己的意志力。第八型人总想觉得自己在控制自己的命运，是“命运的主人”，他们几乎从不怀疑自己克服障碍的能力，所以显得特别自信，第八型人之所以觉得自己是坚强的个体，是因为他们在遇到外部世界的挑战时曾体验到自己的意志力的伟大力量。他们觉得自己坚实可靠，并以自信加强内心力量。他们自知能克服障碍，在斗争中成长，且越战越勇。他们明白自己有争取权益的能力，有对抗加诸身上的任何压力的意志力。

他们越是坚持己见，就越有自信，就越相信自己克服困难的能力：他们具备化挫折为机遇的技巧，并能在逆境中茁壮成长，在逆境中学习；他们从不担心不能做好一件事，因为他们有把握做好任何决心做的事情。

3. 第三层级：迎接挑战，达成目标

一旦第八型人认为自己是坚强的、自信的和独立的，就会害怕变成软弱、胆小、有依赖性的人。于是，他们投身于世界，迎接挑战，以证明自己的力量和独立性。最终他们会成为有建设性、有权威的挑战者，能应付新的挑战，会用自己的力量去完成值得的目标。

虽然构成领导才华的成分很复杂，难以抽象地定义，但第八型人正是那种人们自然会在他们身上发现领导才华的人格类型。健康状态下的第八型人拥有精明、权威、果断及值得敬重的特质，所以被信任、被仰赖、被期盼，人们期待他们来解决问题，运用他们的才干去为大家奋斗。大家视他们为强有力的指导者和挑战者，是保护者，是达成他人需要的人。

健康状态下的第八型人身上散发出一种天生的领导者气息，他们有理由为自己和自己真正的成就感到自豪。处在第三层级的第八型人不是没有自我，他们的自我致力于为外界服务，影响他人去实现人人皆可受益的目标。如果第八型人在现场，他们就是总指挥。如果他们处在健康状态下，别人就不用担心，尽可由他们指挥，因为第八型人显然是值得尊敬的，心中只有每个人的最大利益。第八型人果断有力，决断公正。而且，他们是十分有力的挑战者，因为他们最具说服能力。正如我们已经看到的，他们极度的自信与对所做之事的绝对把握能够激励他人，他人心甘情愿地支持他们的领导地位。

当第八型人在一般状态下

1. 第四层级：不畏冒险，脚踏实地

现在他们不再有造福于人类的愿景，开始视环境为一个有残酷竞争的、你死我活的世界。他们想要对自己和“自己的子民”最有利，而且与第三型人不同，他们不在意做到最上游。他们不再把事业看做是激动人心的挑战和发展的可能性前提，而是计较成败得失，下定决心不能失败。

健康状态下的第八型人对生活有一种具有感染力的自信和热忱，他们满腔热情、乐观、真正愉悦他人；一般状态下的第八型人仍旧有热

情、活泼的时候，但也形成了一种被动、“不多说废话”的特质。一般状态下的第八型人努力工作，在人际交往中商人气十足。如果他们手头拮据，就常常会做多份兼职工作，以确保家人不缺钱花，就好像他们对自己的领导能力的不信任引得他们要建起一个“城堡”储存家产一般。

2. 第五层级：展示自己，掌控大权

对一般状态下的第八型人来说，因为他们强大有力，所以十分想让自己相信自己“比生活更伟大”。他们把自己看做大人物，越是想支配所有的人和事，就越有可能和他人发生冲突，因为他们不再支持和保护周围的人。事实上，他们开始以可见或不可见的方式压制和控制他人。他们不会交出自己的权威，不会让别人威胁到自己的名声，不信任任何人，他们需要的是无条件的服从。

然而，他们对荣耀梦想得越多，就越是需要他人的配合来达成理想。因此一般状态下的第八型人常常以某种形式资助下属，或是提供钱财，或是提供保护。具有讽刺意味的是，第八型人不经意间开始依赖他人来执行自己的指令，而他们讨厌的正是与他人分享权力和荣耀。第五层级是他们走向退化的转折点，为了支配他人而操弄权力会使人变得没有人性，会使攻击性和破坏性越来越强。

3. 第六层级：强硬对手，惹来危机

如果抱怨和抗议来自受自己“羽翼”保护的人，则尤其会令他们心神不安，因为他们觉得自己已经给这些人提供了很多。这一情势会迅速导致第八型人的危机。他们害怕形势失控，甚至更糟，受他们保护的人会挑战他们的权威。至少，他们深信他人不会背叛自己，他们要投入战斗，但部队却没有跟在后面。

这时，他们会怒不可遏，觉得在这个竞争的世界中受到了挑战，觉得在家里也受到了挑战。在他们看来，生活就是一场斗争，所以必须强迫周围的每个人“齐心协力”和他们保持一致。他们感到十分沮丧，觉得没法信任任何人。他们必须推动和强迫事情运转起来。有时，这会实际地表现为对刻板作风的不耐烦。受挫的第八型人可能不看一下说明书，就把钟表的发条拧上或把旋钮按下去，强迫它“工作”。

因而，一般状态下的第八型人把一切关系都变成了敌对关系，他们想打倒所有的人而不想被别人打倒。他们视自己为战士，故意制造冲突，即使为了芝麻大的小事亦在所不惜。然而，对他们来说重要的是他们的自我：第八型人不会倒下，因为自我是至为关键的。

当第八型人在不健康状态下

1. 第七层级：人际不佳，亡命之徒

一般状态下的第八型人的实用主义在不健康状态的各层级中已经变得冷酷无情甚至惨无人道。在第七层级，他们已经退化到强权即真理的哲学中。丛林法则和适者生存的理论给了不健康状态下的第八型人一个原理，那就是：为达目的不择手段。现在他们凌驾于法律之上，满腔厌世感地生活在这个务实的世界中，在这里，不论是对是错，有能力取胜才是最重要的权宜之计。

由于童年时期所受的虐待和剥夺以及最近遭受的失败与人际关系的破裂，处在第七层级的第八型人觉得彻底被背叛和离弃，他们不相信任何人，把世界视为残酷、冷漠的地方，认为自己是被遗弃的人，是社会的“弃儿”，他们认为自己已经跨过了一道坎，不能回头。只觉得可以

接受——他们自己也认为是这样的底线，所以没有什么可以失去。这就像一旦你犯了一宗罪，那么再犯第二宗也没什么可焦虑的。罪犯的身份已经成立了。

2. 第八层级：无法无天，盲目自大

不健康状态下的第八型人生活在一个无法无天、充满暴力和报复社会的世界中，他们一定会存在一些强有力的敌手。如果他们曾以暴力对待他人，遭到报复的威胁就会变成现实，甚至有可能永远延续下去，即使暴力并作第八型人形象的一部分，他们也有可能涉入不光彩的活动，被债主或仇家追逼。

生活在这样的压力之下，第八型人陷入强迫性的自我保护之中，想使自己变得刀枪不入。在这个方向上，他们常常采取现实主义的方式换电话号码，雇私人侦探，玩失踪。然而，一段时间后，持续的威胁带来的生活压力以及他们还没有打败的现实会使他们产生一种坚不可摧的错觉。他们开始认为自己不可能受到伤害，并开始对自己及自己的权力产生错觉。渐渐地，他们变成自大狂，觉得自己无所不能、刀枪不入——就像拥有绝对权力中的神一样。

处在第八层级的第八型人通过让他人感到恐惧和担心自身的安危来强化他们所拥有的权力，一般状态下的第八型人只能威胁和试图恐吓他人，而神经质的第八型人可能会通过武力手段惩罚和伤害无辜者。

3. 第九层级：充满暴力，破坏性强

由于保住性命是他们现在的唯一要务，所以这种人会不惜牺牲一切——人与物——来保住性命，妻子、儿女、朋友、生意伙伴甚至自己一手建立的事业，都可能成为牺牲品。权力的黑暗面便在于其破坏的欲望。如果世界不屈从他们的意愿，他们就将一切破坏殆尽。他们对破坏规模的看法正如对自己的权力限度的看法一样，必须具有最野蛮的破坏力才能满足。

这就好像他们已经落入了死亡的陷阱。这种牺牲一切以保全性命的想法是极端荒谬滑稽的，尤其是因为第八型人跟每个人一样，最后都难免一死。别人的死亡并不能保证他们继续存活，恰恰相反，破坏性的第八型人对他们的所作所为感到恐怖，给自己招来毁灭。他们也失去了享有伟大与不朽的筹码，受到万世诅咒，至少也是遗臭万年。

第八型人的发展方向

1. 解离方向→向5号看齐：盘算，欲望

第八型人具攻击及破坏性，自我过分膨胀，无法认同别人，操纵他人，无视他人正当的需求及权利，甚至为达到目的会不择手段，常表现抗拒、不合作，他们对现实是敌对的，自始至终都要反对，喜好对抗，以好战为荣。被困在内部的强迫性，很会做事，很有权威，不碰柔弱面。

无法看到现实里不全是只有公平与不公平，比较需要有较多肯定，要生命中每个细节和全部，所以，第八型人更应该注意，当你需要平衡内部的怕死、枯燥、寂寞等情绪，必需参加强烈的活动如赛车、飚车。在强迫性中会发怒。打到别人像打到自己，会毁灭自己，会自杀，对自己与他人都有处罚的心情。拒绝倾听，不愿他人占便宜，把别人负担放在自己身上，易把他人看作弱者，常会为了保护弱者做出不平的事去欺压另一人。

2. 整合方向→向2号看齐：爱人，爱己，无知

能掌握自己的行为情绪，不支配别人，知道问题的现实性以及错的根源，进入问题的中心，帮人们看到别人看不到的地方，很有建设性、生产性，有权威，很认真的工作，喜欢挑战，有困难时最能施展、发挥，有许多活力，天真可爱：能把怒火熄灭、无恐惧、诚实，值得人信任，欺骗是他不能忍受的。能把恰当的压力放在他人身上帮别人成长，是天生的领袖，把自己的理想传给别人，心态乐观，对生命积极，宽容大度，有勇气，能直接和他人来往，不复杂，使人感到安全：因此能被视为英雄人物，让人尊敬。而向2号看齐的意思是，英雄，爱他人，也要爱自己。

第八型人的亚类型

1. 1号："标新立异"

第八型的人格特质和第七型的人格特质相互强化，产生出一个极具攻击性的亚类型。具有第七型翼型的第八型人是所有亚类型中最自行其是的，因为构成该亚类型的两个基本类型都具有攻击性——第八型人的攻击性体现在追求权力和自足上，第七型人的攻击性体现在寻求体验和占有欲上。总体上说，他们比具有第九型翼型的第八型人更直率、更务实、更外倾，同时也更善于自我表达。他们在工作中和在家里是一样的，对待生活中的所有人都一视同仁。具有第七型翼型的第八型人有着"直击要害"、少说废话的特质，他们毫不犹豫地表达心中真实的想法和感受。他们行动果决，强烈地想要与环境和他人紧密地互动。

健康状态下的具有第七型翼型的第八型人极其外倾，以行动为导向，精力也极为旺盛，是第七型人的心直口快和第八型人对实际可能性的洞识的结合。他们总是积极主动——对成功满怀热情和信心。

一般状态下的具有第七型翼型的第八型人对权力和阅历十分感兴趣，这是两个相互强化的动机。

不健康状态下的具有第七型翼型的第八型人冷酷无情、好冲动：敢说敢做，过后又认为自己的所言所行或是天才手笔，或是致命的错误，他们可能蛮横暴虐，总在语言和肉体上施暴于他人，对敢于妨碍他们或违抗他们意愿的人毫不留情地予以打击，他们脾气火爆，动不动就发怒。

2. 3号：“善于忍让”

第八型的人格特质和第九型的人格特质在一定程度上相互冲突：第八型人自以为是，敢于迎接挑战和冲突，而第九型人倾向于压抑自己的攻击性和回避冲突与不安。所以具备第九型翼型的第八型人贪图舒适与平和，比具有第七型翼型的第八型人更喜欢待在家里，但仍想要圈子里的所有人明白自己才是主导者，因为有第九型翼型的力量，他们比具有第七型翼型的第八型人更多地以他人为导向。

健康状态下的具有第七型翼型的第八型人拥有一种尚未充分表现出来的权力与智慧。

一般状态下的具有第七型翼型的第八型人开始显示出自身两个方面之间的某种明确分裂：攻击性的方面（显示在公共场合和竞争场合）和消极的、更谦让顺从的方面（只对极少数人尤其是家人表现出来)。

不健康状态下的具有第九型翼型的第八型人变得消极、抑郁和孤僻，但如果握有权力，也会极具报复心。

【九型应用】

假如你是职场中的No.8

第八型的你强势领导，专制，富有对抗性，率直而不客气，家长式，有时会用独裁，严厉的领导方式。

身处职场，我建议第八型的你这样做：

• 学会聆听，在回答之前先了解别人的观点。

• 责备别人时要讲究方式、方法。

• 留意自己的嗓门，不要大声吼叫。

第十章

第九型：和平型(Peacemaker)

——和平者的个人认知与发展方向

发现第九型人的人格特征

1. 三大状态下的第九型人简介

第九型的人是和平使者，他们善于了解每一个人的观点，却不知道自己所想、所要的是什么；他们喜欢和谐而舒适的生活，宁愿配合他人的安排，也不要制造冲突，然而，如果被人施压，他们会变得很顽固，有时甚至会动怒；他们通常兴趣很多，却将自己的优先事项拖到最后一分钟才做；他们还具有自我麻醉的倾向，让自己去做一些次要的活动，如看书，和朋友闲玩，看电影等等；第九型的人是很好的仲裁者、磋商对象，而且能专心执行一项团体计划。

2. 第九型人基本形态一览

基本恐惧：失去，分离，被歼灭。

基本欲望：维系内在的平静及安稳。

对世界的要求：如果你身边的人很好，你就满足了。

特质：甘于现实，不求调整，为人被动；对生命表现得不太热衷，有颇强烈的宿命论，因此一切听天由命；强调别人处境的优势；

逃避：面对身边人的问题以及面对自己未能有理想的成就。

顺境（内心平和时）：满足现状，自律性强，温文有礼，乐观，爱护家人朋友。

逆境（内心不平衡时）：拖着脚步做人，不去面对问题，尽量避免冲突，性格模糊。

身体语言：柔软无力，东歪西倒，一滩猪油；

面部表情：很少笑容，木然；

讲话方式/语调：间接，仿佛没有中心思想，声线低沉，慢。

常用词汇：随便啦/随缘啦；你说呢？让他去吧；不要那么认真嘛。

工作环境：可以向个人理想迈进，不受规则、时间限制和政治因素骚扰，助人成长及发展潜能。

不能处理逆境时出现的特征：心灵怠惰性格。

认知上的怠惰：过度适应，自我放弃；依附机械化习惯；没有焦虑。

警钟：随波逐流；害怕与人冲突，会得罪别人；最后两败俱伤，不欢而散；消极抵制。

座右铭：无惊无险又是一天！

典型冲突：消极抵制。

优点：不搞对抗，肯妥协。

缺点：不愿改变，刻意不合作。

最适宜的工作环境：为大前提策划。

不适宜的工作环境：剧变的环境。

管理方式：照本子办事或走妥协路线。

令人舒服的地方：没有过分的要求，大家各得其所。

令人不安的地方：不肯担起大旗。

沟通要点：寻求清晰无误的承诺；向第九型人清楚讲出你的要求，否则他会装做不知；给予第九型人大量的支持及认可；有清晰的工作架构；不要命令第九型人，做出提示；帮助第九型人说话简洁。

激发要点：权威人士表示支持：令第九型人意识到个人的需求；第九型人有大理想，将之分为小目标，逐一达到；帮助第九型人明白人际冲突是达到相互了解的必需步骤；不要对第九型人表示不耐烦。

时间管理：悬空时间；解救方案；与第九型人一起拟订详尽的工作计划；不时提醒第九型人集中目前的目标；将大前提分为小目标；人际沟通能加强第九型人的时间观念；帮助第九型人意识到身边人的需求，令他投入工作。

达成协议：帮助第九型人找出他的需求及立场，停止他一贯随风摇摆的陋习。

常见问题：轻言放弃。

解救方法：锁紧目标；贴身辅导。

3. 在情感三元组中的性格体现

第九型人属于本能三元组中的基本人格类型，是与他们的本能冲动和与环境关联的能力最没有联系的一种类型，之所以会出现这种情况，就因为第九型人不愿受到环境影响。他们已经在自身内部建立了一种平衡，一种和平、满意的感受，他们不想与外界或他人发生互动，这样会干扰到他们。他们不想被在内心激发的强烈情感本能所打搅。第九型人的强烈情感与本能冲动相互脱离，这使他们得以保持宁静温和的性情。

因而，当处在健康状态时，他们能创造出和平、和谐的环境，为维护这个环境，他们可以直接去安抚他人。

基本上，第九型人追求自律和独立，这与本能三元组中的另两个类型——第八型和第一型——完全一样。他们渴望有自由和空间去追求自己的目标，走自己想走的路。但与第八型人和第一型人不同，第九型人在主张自己和要求独立的能力上受到了一定程度的阻碍。他们担心这些要求会破坏他们在与他人的关系中已经建立起的和谐和平静。所以他们压抑了对独立和空间的欲望，想通过分离——通过断绝与他人的联系，“托身于”想象和梦想中的安全感——来找到自由。他们只与理想化的他人形象而不与实际的人发生关系，同样，他们也会将自我形象保持在“软焦点”中。

只要第九型人把他人理想化，他们就会贬抑自己，就好像他们把自认为不可能拥有的所有特质全都投射到了理想化的他人身上。

只有最健康状态下的第九型人知道自己是异于他人的个体，可以随自己的需要和要求自由选择。

一般状态下的第九型人的人生取向比较被动。他们仍有足够的活力和意志力，但他们的意志力用在了阻挠他人，抵抗和逃避现实等方面。

许多第九型人对有关个人成长的书籍、研讨会和活动特别着迷，但也时常会迷上安慰性而非挑战性的规训或哲学。

4. 第九型人存在哪些问题?

与第八型人和第一型人一样，第九型人也压抑心灵的某个部分。这3种人格类型都过度扩张/心灵中的某些部分，以致其它部分发育不全。第九型人在本能方面的问题在于，他们压抑/肯定自我的能力，因而更容易接受他人。结果，他们的自我感觉受到了完全的压抑，以致几乎无法作为独立个体发挥功能，他们完全不相信自己，活着也只是为了他人，甚至更糟，完全就像是生活在一个奇异的幻觉世界中。由于压抑自己，他们对自我、他人及世界的认知都渐渐失去了棱角，再也没有什么东西能烦扰他们。他们变得闲散而平和，脱离了真实世界。

想保持平静其实没什么不对，一般状态与不健康状态下的第九型人的问题在于他们过于逃避努力与冲突。他们不明白，有些时候坚持己见是必要的，他们以为坚持己见就等于攻击性，以为坚持己见就会破坏与别人的和谐，威胁到与别人的关系。实际上，他们也确实害怕坚持己见，因为这会把他们卷入更大的情感波涛，过于强烈的情感对维持平和状态没有任何帮助。结果，第九型人彻底压抑了自己的攻击性冲动，以致最后认为自己根本没有攻击冲动。第九型人以无视攻击性的存在这一典型方式来解决其攻击性问题，当他们偶尔不慎表现出攻击行为时，就干脆否认自己曾有攻击行为。所以，一般状态及不健康状态下的第九型人所追求到的平和，就某种程度而言，只不过是自己的错觉而已，是故意的视而不见，是一种自我欺骗。

5. 第九型人的父母取向

第九型人与父母双方都有联系，在一定意义上，他们强烈地认同养育者和保护者的形象，会把这两种形象的问题整合到心理层面。因此他们的许多心理和情感能量都要用来使所有这些认同保持某种内在的和谐。所以他们的内心世界看起来基本上是平衡的，因为他们总试图调节对养育者角色和保护者角色以及他们自身需要的认同。

健康状态下的第九型人对环境极为敏感，且保持着一种特别的开放性，在他们还是孩子的时候，就已经从周围的人特别是父母那里学到了许多东西。

同时，他们已经学会对外部环境中的冲突和痛苦视而不见，其策略与许多孩子一样。这就像孩子为了不听到隔壁房间父母的争吵声，就自己开始唱歌或回忆快乐时光一样。

与父母的联系至少让健康状态和一般状态下的第九型人有一种安全

感和认同感，因为他们的自我认同或多或少是“既定的”。然而，在心理和精神发展过程中，第九型人可能会逐渐认识到，他们所认同的自我并不是他们的真实存在，他们常常要依赖于自身以外的某个东西来获得安全感。由于孩子是借助于与父母的联系和对父母的认同来发展自我意识的，所以父母之间的不和或离异极其可怕。对年轻的第九型人而言，他们的内心之中同样存在着纷争与冲突。父母间的纷争或离异深深地烦扰着第九型人内心的稳定。基本上，只要第九型人所认同的他人是完整的、好的，他们就会觉得自己是完整的和好的。当第九型人处在健康状态时，他们会用自己的天赋去帮助他人维护其完整性和幸福。

当第九型人在健康状态下

1. 第一层级：自制力强，难以动摇

在最佳状况下，非常健康的第九型人会成为强有力的独立个体，由于克服他人分离的恐惧，他们变得很有自制力，有一种真正的自律。

非常健康状态下的第九型人稳定地位于自己的中心，能灵活有力地处理问题，因为他们已经达到深刻的内在统一。他们觉得心满意足，觉得自己即使是一个完全发挥了潜能的人，也是一个能够为世界、为时代、为他人奉献付出的人。

在最佳的状态下，非常健康的第九型人是所有人格类型的表率，是整合自己与整合世界的好模范。

2. 第二层级：感受力强，维持平衡

自制并非易事，担心失去与环境及对他们而言极重要的人的平衡感

和和谐感，一直是第九型人心头的阴影。如果他们真的屈服在这种担忧之下，就会为了谋求内心的平静而放弃自我意识。他们失去了对自己、他人和时代的最充分认识，开始微妙地迷失在意念中，忘记自己是所体验到的世界的一个积极的部分。他们在渴望与他人和谐相处的时候，开始失去自己的中心。基本上，为维持平和感，第九型人自身的意识开始迷失，开始与自己的感受和直觉失去关联。

第九型人通过认同父母来发展自我意识，所以他们也能认同他人，对在其生活中居于核心地位的那些人能给以积极的关注。他们有着非凡的感受力，能彻底地认同他人，为此甚至失去了自我意识，没有自我怀疑，也没有自我中心。第九型人不仅善于充分关注他人，也想积极地这么做。由于他们具有认同能力，所以他们对他人有仁爱之心，能维持与他人的关系。

由于处在第二层级的第九型人总是不自觉地接纳他人，所以他们自己的情绪及人际关系都很少有冲突产生。他们自己也很平和，并且只要他们处在健康状态，就能真正地与世界和谐相处。他们对压力与骚动都有很高的容忍度。他们有耐心，不易被搅扰，轻松自在，平静平和，不会左右摇摆地费力处理生活中的小骚动。健康状态下的第九型人有一种清楚明白的天真和单纯。与他们相处就是与一个不要机巧，不会占人便宜，不会欺骗人的人相处。

这种强大的感受力使健康状态下的第九型人成为9种人格类型中最值得信赖的。他们相信别人，也相信自己，更相信生活。由于他们能给人一种毫无疑问能接受他人的感觉，所以成为了人们的情感停泊港湾；当别人需要他们时，他们总是平稳而坚实地站在需要的人身旁。

3. 第三层级：带来欢乐，确保和平

处在第三层级的第九型人能够严肃对待别人的抱怨，所以他们是很好的调停人物。他们能体察不同个体间的真正差异，明了别人因为什么而不安，关怀他人心中之所想。同时，他们也能看到不同个体间的共同点，致力于化解纷争，因为他们觉得合作要比分离更有收获。

处在第三层级的第九型人优点一箩筐：他们有治疗不和谐、排解纠纷的能力；由于他们十分冷静，所以对别人有安抚作用，只要他们一出现，大家就会出奇的平静；他们乐观、让人安心，每当他们能够负责任地行事的时候，总是会强调事情的光明面，他们认为，看到事情的光明面要比沉溺在阴暗面好多了；他们心胸宽广、不记仇，总将冲突全都抛诸脑后，专心致力于自己的人际关系和责任；他们极端平易近人，是那种给人带来欢乐的人，那种别人会自发地称之为“好人”的人；他们是快乐的，有阳光般的气质，有自然、不矫饰的幽默感，还有温暖、开怀的笑容；他们不做作，对每个人都同样真诚无伪，无论对方是王公贵族，还是出租车司机，都一视同仁；他们悠然自得，像只旧鞋一样舒适。很少有人不喜欢他们。

当第九型人在一般状态下

1. 第四层级：迁就他人，过度屈从

在健康状态的各层级中，第九型人是动态的个体，总想通过努力创造一个正面的和谐环境。但在这么做的时候，他们可能开始担心自己的欲望会与他人的冲突，因而会破坏和平的氛围。当担心陷入与他人的冲突时，第九型人就会滑向一般层级。具有讽刺意味的是，这正是第九型人与他人之间产生许多冲突的起因。人们总想得到第九型人的关注和回应。第九型人有意识地回避可能的冲突，压抑自己的意见，所以人们的

期待常常会落空。

在第四层级，我们看到的基本模式是，第九型人低估了他们对生活及自己的期望，开始迁就他人的欲望以避免和他人发生冲突。自我泯灭成为一般状态下的第九型人在同事当中和稀泥以及尽可能减少冲突风险的主要方式。与第三型人相反——第三型人总想在社会中扬名立万——一般状态下的第九型人不喜欢抛头露面，免得引火烧身。结果，他们成了其社会角色的“普遍”范本——隔壁的男孩或女孩、夜班工人、旅行音乐家、快乐的医生。与一般状态下的第三型人一样，要想把真实的自己和自己能担当的角色区分开来是困难的。

2. 第五层级：害怕改变，置身事外

具有讽刺意味的是，为了维护不动手的习惯，实际上他们反而必须有所行动：看到环境中有威胁内心平静的事发生，他们就必须赶快抽身而逃。于是，他们在健康状态下的自然变成了粗心大意的无动于衷，对周围的世间万物的漠然。他们仍与现实保持友善的关系，但并不刻意追求。他们有一种怠惰的自满自足，懒得用脑，懒得操心。他们喜欢说：“好了吧！我们别再为这事操心了！”他们变得消极被动，一般状态下的第九型人的生活开始发生变化。

处在第五层级的第九型人有种明显含混模糊的特性，因为他们总保持在事情的一定范围之外不插手，冷漠且无动于衷，不希望被任何事情惊扰到。这样一来他们的确很悠然自得，但与环境或者说环境中的人与事缺乏真实的接触。

3. 第六层级：漠视问题，听天由命。

到了第六层级，一般状态下的第九型人可能在生活中遇到了许多真正的问题，但他们很自负，认为他们还有能力承受要发生的一切，以为只要顺其自然，就能度过难关，解决问题。

他们开始艰难度日，仿佛生活只是要“一穿而过”的东西，而不是有生气地生活。他们婚姻不幸，工作环境恶劣，但又不愿意冒险改变自己的处境。冷漠已经代替了自满。处在第六层级的第九型人甚至对附和他人的意愿都失去了兴趣。他们对自己、生活、周围的人和事都深感漠然。

在这种情况下，最大的问题在于他们拒绝面对问题。就与他们切身相关的事而言，无论情况如何演变，他们皆低头认命。对于所临近的危险，无论是为自己着想或是为别人着想，他们一概没有兴趣去多了解。

在第六层级，他们急于逃避冲突，以缓和冲突形势，他们降低问题的严重性，或是天真地告诉别人：“冷静下来，一切都会好转的！”以给人一种似乎还有希望的错觉。别人之所以会对第九型人十分失望，是因为他们太过决绝，几乎不可能以任何有意义或情绪上令人满意的方式与他人互动。

当第九型人在不健康状态下

1. 第七层级：回避问题，逆来顺受

不健康状态下的第九型人变得铁石心肠，坚决不愿面对冲突和问题，主动回避问题（拒不承认），以避免受到痛苦和焦虑情绪的干扰，从而保持内心平和的错觉。结果，他们变得顽固、怠慢，对改变的压力完全无动于衷。或许问题并非真的那么严重，还有十分显而易

见和相对容易的解决方式，但他们就是没有任何行动，也不愿采取任何行动。

他们所有的精力都集中于维护自己的防御上，拒不面对现实问题，如此一来，没有任何东西可以烦扰他们。这种防御机制又被称做“压抑性的抗拒”让人觉得格外难以应对，使人们几乎无法靠近不健康状态下的第九型人，就好像他们已经关上了内心的大门，任何人都无法走近他们。然而，更为典型的是，不健康状态下的第九型人常常是牺牲品和“逆来顺受的可怜虫”。我们在一般状态下的各层级中看到的自我贬抑和屈从现在已经退化成对自己受到压榨和虐待的默许。不健康状态下的第九型人是如此害怕冲突，害怕失去他人，而且他们也已经完全没有了自尊，因此他们不会对自己在心理上和身体上所受的虐待采取任何防护措施。

2. 第八层级：抽离现实，了断一切

来自现实的压力和来自他人的对抗越来越强，为了保护自己免于面对，省察自己的疏忽，神经质的第九型人索性彻底切断了与一切事物的关联，在主观上让自己变成一片真空，这样就可以避免与现实发生接触，现实的压力也就不能打搅他们。他们对焦虑感的恐惧是如此强烈，以致与现实断绝关系后变得人格分裂，退回到了婴儿般的状态，仿佛想要躲回母亲的子宫里去。他们拒绝一切的情况是如此严重，几乎退缩到麻木不仁的状态，像患了健忘症般地完全与自我分离了。

神经质的第九型人就像一个机器人，对什么事都没有感觉和反应。他们的自我仿佛已经与肉身脱离，由肉身自发行动。他们拒不面对现实的程度令人十分吃惊。即使少了一只胳膊，他们也会否认既成事实，或者认为断肢会自动长出来。他们认为，他们不可能被炒鱿鱼，离婚或死亡也根本不会发生在他们身上。这种状态令人同情，他们的状况就是如此，他们的心不在焉越来越严重了。现在，他们与自身的分离已经变成一种习惯，一种生活方式，或者更确切地说，是一种“不生活”的方式。

3. 第九层级：走向极端，自暴自弃

如果环境压力大于容忍的极限，神经质的第九型人只有像一个精神病患者一样与现实彻底决裂，或者像一个分裂症患者一样瓦解为多重人格。

如果第九型人像孩子一样忍受着持久的极端残酷的虐待，他们就特别容易走向多重人格的紊乱。这不是说所有的多重人格病例都是第九型人，也不是说所有不健康状态下的第九型人都会走向多重人格，而是说这两种情况似乎有某种重叠。

自暴自弃，退回到完全被解离和人格碎片化的状态，这便是他们的“解决”之道，因为借此可以不必以真实的自我来面对生活，由于这些人格碎片容易伤害到他人或自己，所以这种状态既非安全之所，亦非真正有适应性的生存之道。

第九型人的发展方向

1. 解离方向→向6号看齐：怀疑，被动，怠惰

第九型人常常压抑内在所有冲突，把里面的冲突清理干净使自己不受伤害。对自己的存在体验不到，不会自我察觉、自爱，常把自己和外在冲突完全分开，外在的冲突留在外面，以免影响自己内心的平静，成功地保住自己的稳定，体验不到日常生活的痛苦，对内在的任何冲突都不察觉，舒服、容易的事比较吸引他。

他的活力靠外在的来源，常须有外在的刺激他才会动，当人刺激他时，他会把小事看成大事，对不重要的事，大动特动，很难停下来，渴望动，对事的重要不重要无法领悟。有焦虑不表现出，好像在倾听，但听不到什么。生活上很少应该，有应该时我就会乱，很低的超我，没有任何事为他是重要的，有一种强迫的幽默感，不会被情感、刺激迷惑，面无表情，很喜欢把别人稳下来，保持客观、稳定，把周围的事由大化小，小化无。认同休息，对烦、乏味很困扰，须新鲜刺激的体能活动来帮助生命的活力。

2. 整合方向→向3号看齐:寻觅真我，活力生命

最认同存在，最易和存在相遇，有中心感〈肯定自己的中心在那里〉，有根的感觉〈真的和自己内在统一了〉，在生命中信任他的腹中心，不随便冲动，很有和谐感知道事物的真象，好相处，给别人平衡的感觉，成为人们情绪稳定的中枢。是可以信赖的人，看到人和事的两面，有力量跟人、事交往达到平衡，善于和难来往的人交往，常能带给人自由，客观倾听，为别人解答问题，团体的好领导者，在危机中会应变，没脾气，很能带给人喜乐，是和平的制造者，是“平凡中的盐”。

能接受人与人坦诚相见，开放自我，能够为他人、为世界付出。不伪装，天真，诚实不狡猾，会重视人，生活在世界像在家一样，能感到自己的个别性。但问题是，并不是所有的付出都会有结果、有意义。因此，我建议第九型人应该试着跳出和平者的圈子，想要付出有结果，有时是需要自己争取的。

第九型人的亚类型

1.8号：把自己当成“贪图享受者”

第九型人的人格特质和第八型人的人格特质相互冲突：第九型人消极被动，渴望与他人和谐相处，而第八型人富于攻击性，喜欢坚持自己的主张，只关心自身利益。由于第九型人是基本人格类型，所以具有第八型翼型的第九型人基本上以他人为导向：有容人之心、自我意识淡薄、随和等等，但他们中的有些人喜欢强硬地坚持己见，至少有的时候是这样。

具有第八型翼型的第九型人若是处在健康状态下，其第八型翼型会在整个人格型态中添加一种内心力量与意志力的因素，以及一种扩张的、热情的特质。因此，健康状态下具有第八型翼型的第九型结合了第九型的令人鼓舞的正面特质与第八型忍耐与坚定的特质，结果这个亚类型既强大有力，又温和可人。

处在一般状态下的具有第八型翼型的第九型人把他们的情感完全分隔开来，即便在自我保护的本能被激发时，他们也不会想到以伤害别人的方式来保护自己及自己的财产。处在一般状态下的这个亚类型的人比较好战，爱挑衅他人，但很少长时间怀有敌意。

具有第八型翼型的第九型人若是处在不健康状态下，常常很像不健康状态下的第四型人：通常很抑郁，没有热情。但与第四型人不同，他们直来直去，很少有情绪上的交流，偶尔还会出现轻微的多愁善感和焦虑。

第八型翼型的害怕被控制与第九型的抵制帮助结合在一起。如果他们处在不健康状态下，就会变得暴力，行事不顾及后果。攻击性和本我冲动在具有第八型翼型的第九型人身上十分强大，当他们情绪不稳定时，自我很难有余力去协调这些冲力。有着第八型翼型的第九型人可能会很危险，他们很容易出于本能大打出手。他们会报复曾与他们发生过冲突，同时也因为感情受到伤害而与他们断绝了联系的故人。他们也有可能陷入长期的抑郁和解离倾向中。

2.1号：把自己当成“梦想主义者”

第九型的特质和第一型的特质相互强化。第九型人压抑他们的情绪是为了维持内心和平，而第一型人压抑他们的情绪则是为了维持自制力。因而，具有第一型翼型的第九型人比具有第八型翼型的第九型人更理智，更热衷于思想、象征和概念。

处在健康状态下的具有第一型翼型的第九型人具有极大的完整思维，极端讲求原则。他们出色的常识使他们在判断方面——尤其是在判断他人时——展现出杰出的智慧。如果他们接到请求，执行任务或判断形势会很在意公平和客观性的问题。处在健康状态下的他们擅长综合不同学派的观点，从中挑选出共同点。

处于一般状态下的时候，他们会表现出间接的冷嘲热讽的态度。一般状态下的具有第一型翼型的第九型人关心规则和责任感，对于(不同阶级、不同文化、不同生活方式等的）他人常有种道德上的优越感，他们有一种很像是洁癖的倾向。在某些方面，总是追求“中规中矩”，追求以理服人、以德服人，诉诸政治或宗教意识形态来支撑自己的论点。

具有第一型翼型的第九型人在不健康状态下常常极为孤僻，与不健康状态下的第五型人颇为相似。他们心不在焉，精神分裂，情感冷漠。他们极易动怒，但会竭力忍而不发。他们行事冲动，仿佛会在突然间做出决定。他们比有着第八型翼型的第九型人有更多的不满，好打抱不平，觉得惩罚或责难他人的错误行为是他们的义务。如果他们处在极不健康状态下，很有可能还会发生更严重的情感问题或心理问题。如果这些问题得不到解决，他们就会退回到类似于孤独症的状态。他们觉得无助、绝望，但又以不可遏制的愤怒回应他人。

【九型应用】

假如你是职场中的No.9

第九型的你无为而治，集体式领导，喜欢授权，顺其自然。

身处职场，我建议第九型的你这样做：

• 更多地表达自己，敢于面对冲突。

• 尽可能切中重点，聚焦目标。

• 完成办公桌上累积的工作，克服拖延。

第十一章

第一型：完美型(Perfectionist)

——改革者的个人认知与发展方向

发现第一型人的人格特征

1. 三大状态下的第一型人简介

第一类型的人重视原则，不容易妥协，黑白分明，他们不但时刻要求自己，同时也会要求别人，通常是停不下来的；他们都有自己的标准，无论是生活上、工作上、还是感情上都是不断的追求完美；第一类型的人把一切的事物都分成对与错，他们非常遵守时间，当面对数字时也非常敏锐，是一位很好的财务管理人员。

2. 第一型人基本形态一览

基本恐惧：怕自己错，变坏，被腐败。

基本欲望：希望自己是对的，好的，贞洁的，有诚信的。

对自己的要求：只要我做得对，我就满足了。

特质：世界是黑白分明的，对是对，错是错；做人一定要公正，有节制；做事一定要有效率。

顺境（被认同时）：追求崇高的理想，追求完美。

逆境（不被认同时）：过度批判，缺乏弹性，自以为是。

处理感情的方法：压抑，否定。将感情注入工作、活动中，追求完美，愿意随大流，讨厌不守规则的人。

身体语言：挺硬，可以长久保持同一姿势；面部表情变化少，严肃，笑容不多；讲话缺乏幽默感，直接；毫不留情，不懂得婉转；重复信息多次；速度偏慢，声线较尖。

常用词汇：应该，不应该，对，错，不，不是的，照规矩。

工作环境：环境稳定不变，精确工作标准，技术性，不需牵涉办公室政治。

不能处理逆境时出现的特征：强势型性格；通常表现为愤怒、憎厌、嫌弃、吝啬，吹毛求疵，需求过度，要求过高，支配，驾驭\控制，完美主义，高度控制，自我批评，追求高度自律、他律。

警钟：过强的责任感；“我不做谁做，还是我做更好”，执着于纠正、组织、控制环境；总是将重点放在“错”上，担子日益沉重。

座右铭：循规蹈矩。

典型冲突：“我对你错”

优点：肯承担责任，有正义感。

缺点：不时看到可以改善的地方，令同事觉得总是做得不够好。

最适宜的工作环境：架构明显，规条清晰，需要留意细节。

不适宜的工作环境：新公司/新生意，变化大。

管理方案：以身作则。

令人舒服的地方：公正、赏罚分明、情绪稳定。

令人不舒服的地方：批判态度、追求完美、吹毛求疵。

沟通要素：措辞精确，不得模棱两可；说话要具权威性；有心理准备第一型人倾向批判，尝试将批判转化为正面的建议；容许第一型人辩论事情的正反两面；帮助第一型人抒发心中的不满。尊重第一型人的理想及远见；赞誉第一型人制定的卓越水准；诚恳、公正；安排受第一型人尊重的人给予经常性的响应；确保一切程序及架构的清晰度；教育第一型人“错”是“对”的校调点。

时间管理：与时间竞赛；解救方案；不必要“完美”，“够好”就可以了；焦点放在目标/结果；支持第一型人做出授权；帮第一型人将对别人的批判转化为建议；拨出时间放松及享受生命，太紧逼的时间表令第一型人过度自我批判。

达成协议：第一型人容易将协议误会为妥协；第一型人的字典中没有妥协，只有对与错；将事实、数据搞清楚，引导第一型人去商讨双赢的决定。

常见问题：鼓气袋，无病呻吟，偏见。

解救方法：邀请第一型人讲出不满；欣赏他的责任感；帮助他对事物拥有平衡的看法。

3. 在情感三元组中的性格体现

第一型人是本能三元组中“不善表达”本能和冲动的类型。和第八型人一样，第一型人是实干家，直接应对面前的形势，但第八型人对自己的本能比较放任，第九型人与自己的本能切断了联系，而第一型人则试图钳制它们、限制它们，并让它们指向“超我”认为值得的目标。

第一型人看上去十分自信，虽然这种自信更多地源自理想的正确而非他们自己。尽管只是表象，但第一型人看到了他们与自己所追求的理想的差距，从而与世界建立起联系。

当一般状态下的第一型人出现神经质倾向时，他们坚决而彻底地认同自己所追寻的理想，即使他们退化到不健康状态，也会以为自己已达到了这种境界，而没有实现理想的人应该受到责备。

就意识层面而言，不健康状态下的第一型人也知道自己未臻完美，然而就另一层面而言，他们却以似乎已达完美的方式行动与思考，以避免良心的谴责与他人的非难。一般状态与不健康状态下的第一型人都认为，最感兴趣的是热切地努力追求完美，只要能与理想保持某些关联，则无论表现得多么糟糕都是正当的。

4. 第一型人存在哪些问题?

正如本能三元组中的其它两类人格类型一样，第一型人也有压抑心灵中某一部分的问题。他们压抑了本性中的非理性方面，压抑本能冲动和个人欲望，想要把自己提升至完美境界。当他们陷入追求理想与在现实世界中实现理想之间的冲突时，正常的人类欲望就会受到越来越多的压抑。

事实上，第一型人有两种分裂状态。第一种是我们刚刚看到的外在的分裂：一方面承受着要达到理想状态的压力，另一方面又确信自己完美无缺，对于在某种情境中需要什么，自己比他人知道得更多。第二种是不那么显而易见的内在的分裂：自我分裂为两半，一半是呈现在世界面前的高度冷静、理性；另一半则是受到压抑的内驱力和情感。具有讽刺意味的是，第一型人对于自己的信念常常十分情绪化并充满热情，但自己通常意识不到这一点。

由于上述两种分裂状态，一般状态与不健康状态下的第一型人总是陷入冲突中：他们的理想的完美与其自身的不完美之间的冲突，道德感与罪恶感之间的冲突，行动与良知之间的冲突，对秩序的渴望与其随处所见的混乱状态之间的冲突，以及善与恶之间、上帝与魔鬼之间的冲突。

5. 第一型人的父母取向

第一型人的发展比较随心所欲。因为他们还是孩子的时候就与保护者断绝了联系，在童年时期，正是这个成年人给孩子设定规则、给予指导，必要时加以约束，在家庭中，保护者一般由父权角色担任。这些孩子觉得他们不能依靠家人来提供架构和指导原则。他们可能会觉得家庭规则是任意的、不公正的，或是太严格，或是太不稳定。不管是哪一种情况，第一型人都会对保护者制定的结构和限制深感不满和受挫，因此他们觉得必须由自己提出指导原则。

第一型人总想超越家庭的条条框框，制定一套比他们想象的还要严厉的伦理规条。在这个方面，第一型人总是相信，他们不会受到指责，他们总想做一个十全十美的人。

当第一型人在健康状态下

1. 第一层级：现实主义，睿智通达

非常健康状态下的第一型人容许充分地表现人性，他们发现：自我的冲动并不如他们担心的那样混乱恐怖。除了发挥健康功能的需要之外，他们不会提出过多的需求和情感，于是，“超我”所禁止的非理性或混乱的部分得以与心灵的其它部分均衡发展，整合为完整的人格。

非常健康状态下的第一型人是所有人格类型中最聪慧的，因为他们有着非凡的判断力。之所以判断力超群，是因为他们会根据现实状况而非根据理想来判断。在任何情况下，他们都可以超越逻辑推理分辨最好的东西。正如非常健康状态下的第五型人对世界拥有最深刻的透视力和理解力一样，非常健康状态下的第一型人拥有最为清晰的是非判断能力和在世界中最恰当的行为能力，使别人想以他们为指南。

2. 第二层级：超脱自我，理性客观

第一型人想做正直的人、负责任的人，谨守神律和自然秩序的人，不管是不是真正理解。健康状态下的第一型人的正直在中国的道家哲学理想中得到了最好的表达：在一个人的身上，天、地、人合而为一。为了达到这个目标，健康状态下的第一型人渴望过一种和合、整一的生活。

由于深知理性、中和、自制与公正在他们生活中的重要性，所以健康状态下的第一型人不会觉得这种内化了的道德规范会限制自己的行为。事实上，他们相信，如果没有良心的限制，人类社会就不可能存在。人类文明的许多重要进展，便是由于他们愿意为了更加长远、崇高的目标牺牲自己的所得而实现的。

同时，第一型人也不认为自己的品德有多么高尚，即使事实上他们确实渴望为善，让自己的生活远离邪恶。他们不会以自己的良好品性为条件，来与上帝签订保佑他们的契约；也不会因为拥有为善的精神，而认为自己有豁免不幸的权利。

3. 第三层级：讲求原则，良师益友

拥有良知使健康状态下的第一型人过着极为符合道德要求而有益的生活，因为他们不仅想正当行事，还想做正当的事。他们想要把客观价值付诸实施而不受情绪的影响，因此，在尽可能合乎人性的范围内，他们可以做到客观正确。

正直是上一层级的人的首要品德，真理和正义则是第三层级人的追求。因而，他们极其在意是否每个人都得到了公平的待遇，他们痛恨见到不公正行为，无论遭到不公平待遇的是自己的朋友，完全陌生的人，还是自己。健康状态下的第一型人简直就是正义和正直的化身，这些对他们而言绝非冰冷的原则，而是他们的热情所在。健康状态下的第一型人比其它人格类型的人更乐于为自己的道德信念献身，而且宁可自己承受不公平所带来的痛苦，也不会对别人有不公正的举动。

当第一型人在一般状态下

1. 第四层级：理想主义，改革精神

健康状态下的第一型人与一般状态下的第一型人最大的不同点在于，一般状态下的第一型人确信只有自己可以为每个人提供答案，只有他们能让身边的混乱“正常起来”。个人良知已经强化为一种责任感，在每件事上都渴望追求理想。因而，一般状态下的第一型人开始从一种道德优越感的立场出发与世界发生关系，仿佛总在说：“我知道事情应当采取的方式，所以你们应当听我的。”他们开始觉得他人不如自己有责任心和方向感，觉得君子就应有高尚的道德，应不断提升自己的理想。

一般状态下的第一型人甚至认为自己的理想应该是每个人的行为标准。他们自以为知晓事情该怎么安排。对道德上的“应当”和“必须”的强调使人觉得：不仅第一型人应当或不应当如此行事，而且他人也是如此。他们觉得自己有责任去纠正错误，教育没有学问的人，引导漫无目标的人，教给别人“正确的”观点。

2. 第五层级：讲求秩序，掌控一切

健康状态时的第一型人有自我约束的习惯，现在已退化成极度地讲求效益与秩序。

一般状态下的第一型人总想以他们的秩序感来主导一切。他们严厉的超我与他们的情感和欲望是相悖的。这显示出他们的内心之中存在着一种二元对立的本性。在他们看来，一切事物不是白的就是黑的，不是对的就是错的，不是善的就是恶的，不是正确的就是错误的。这其中不容许存在任何个人偏好。个人偏好在他们的眼中简直就是自我放纵。他们以不近情理的纪律和秩序作为首要法则来要求自己、别人以及环境。

3. 第六层级：爱好批判，完美主义

一般状态下的第一型人越是想严密地控制自己的冲动，就越觉得不能有丝毫放松。到第六层级后，他们开始担心他人会“搅乱”他们费尽力气才求得的秩序和平衡。他们内心里想要指导他人的声音和理想主义已经变得越来越深刻。

他们希望自身与坏境都是有序的并且能够自我控制，如果这些难以实现，他们就会感到极度可怕。

他们对一切都吹毛求疵，喜欢干涉他人，会突然打断别人的工作，不断投诉别人该如何做，指出哪里犯错了，并教导别人该如何改进。“我告诉你应当这样”，“如果你早听我的话，就不会有今天的局面”……这些是这种喜好评判的人最常说的话。

当第一型人在不健康状态下

1. 第七层级：愤世嫉俗，狭隘固执

他们的理想成了严苛的教条，不容一丝的偏离。他们以绝对二分的眼光看待一切事和一切人：不是对就是错，不是善就是恶，不是被拯救

就是下地狱，没有中间地带，没有灰色地带，没有任何可能的例外。他们拒绝考虑任何情形，并把这称做是对绝对完美的一种折中。正如我们看到的，对他们而言，即使最微小的不完美也会破坏整体，因此必须毫不留情地移除。然而，按照绝对原则，生活必会使人情味丧失殆尽。他们的要求越高，就越不合人情。他们成为了喜爱人性但却仇视个体的愤世嫉俗者。

一般状态下的完美主义者与不健康状态下的偏狭者的不同之处在于，前者至少有的时候会将自己的行为也列在批评之列，会为自己未能达到完美而感到内疚；而不健康状态下的偏狭者不是这样，他们将自己排除在非难之外，他们极端自以为是，以为只要固守最严格的完美理想便是绝对正确的，也不管自己是否真的能把理想付诸实践。

2. 第八层级：自我强迫，更加堕落

在第八层级的第一型人身上，双重分裂状态体现得更加明显。一方面是他们的冲动与压抑冲动所需的力量之间的分裂，另一方面则是他们想克制自己的渴望与时常出现的完全失控的局面之间的分裂。强迫性思考与强迫性行为就是他们借以控制自己的非理性思维与行为的方法，同时也是他们所导求的控制即将崩溃的征兆。

强迫性思考不断地出现在他们的脑海中，这种困扰对于他们所坚持的信念是极度可怕的，因为那多半是污秽、淫秽、充满暴力的画面。而强迫症的程度常令神经质的第一型人十分惊恐，以为自己被魔鬼控制了。

3. 第九层级：残酷解决，疯狂报复

某个人或某件事激起了如此难以接受的情绪，以致神经质的第一型人无法直接处理它们。此时，他们的行为已不再是出于崇高的理想，而是出于要在强迫性行为与强迫性思考变得无可控制之前重新恢复自我控制的需要。

矛盾是如此之深，他们的强迫性思考是如此之强，他们的强迫性行为是如此之骇人，使得他们再也无法回头了。他们有可能会犯错的事实对他们破碎的自我来说大得难以承受。于是，他们变本加厉地想找理由证明自己的正确性。不仅要证实别人有错且坚持犯错的人该受惩罚。更有甚者，他们认为别人很可能是隐藏的罪犯，所以这些无辜的人可能会遭到责罚与迫害。

一旦找到报复对象，就不会有爱、仁慈、同情。他们变得不近人情，残暴不堪，想要以自己所握有的力量确定对方的确吃到了苦头，还要大声说："这些人不过是得到了他们该有的惩罚而已！"

第一型人的发展方向

1. 解离方向→向4号看齐：批判、沮丧、愤怒

第一型人往往不能总结自己错，错与好不能同时存在，把错、消极的面投射在别人身上，会惩罚别人微小的过失，却赦免自己的重大错误，"不好"从不进人意识里，常反向感到自己的欲望，要好好的控制这欲望，故意表现得和真心想做的相反，原来不好的说成好，愤恨在谈话中显出来，常在边缘上，声音常紧张，内在强有力的批评在别人身上，他的标准是现在就要达到，现实无法达标准，追求成全却无法达到成全，因不成全不断要修正整个世界。

因此，第一型人应把自己看成是保卫真理的人，要让每个人更好，

一般说来是努力、诚实、公正、负责、可信任。

2. 整合方向→向7号看齐：欢乐，热诚，好奇，开放

很积极、稳定，有很大的平静，把平静带到需要的地方，不断地推动自己与他人求长进，容许自己的本性浮现在其它地方可以不完美，很公正保卫压迫者，有能力看到别人的优点，会刺激别人往好的方向努力，有原则、有理想的，不自私，有崇高的理想、思想，不勉强别人，有好的判断力、敏感，能帮助别人看到事物的关键、问题所在及整体的情况，很自然的把现实和理想配合很踏实，思虑清楚，遵守道德重视真实、公正、直爽、客观、容忍度高，值得人信赖，讲理，是道德的导师。但我要向第一型人提一点建议，完美主义者要尝试放下批判的眼光，因为这个世界总是不完美。若不能把握适度原则，只会让人觉得你这个人难以相处。

第一型人的亚类型

1. 9号：把自己当成“理想主义者”

在具有第九型翼型的第一型人中，第一型人的理想主义因为第九型翼型而被提升和强化。这两个构成类型都倾向于脱离环境：第一型人是因为与理想的关系，第九型人是因为倾向于与理想化的人而非与真实的人本身建立联系。结果，有着第九型翼型的第一型人与他人脱离了联系，比有着第一型翼型的第一型人更理智、更冷漠，更少人情味。第一型的基本类型和第二型翼型也有些相互冲突，因为第九型人总想避免招惹是非，而第一型人明确地想要挑起事端。一方面，第九型和第一型人都是理想主义者，都拒绝受到他人影响。具有第九型翼型的第一型对于文化评判者的角色有一种疏离感，一种置身事外的感觉。

当他们处在健康状态时，具有第九型翼型的第一型人对他人的判断和处理是极其客观和温和的，因为他们对不加感情色彩的评论十分感兴趣。

处在一般状态下的具有第九型翼型的第一型人能主动地为他们的信念而战，显然他们对人们能否接受他们的建议和改进深感悲观。

处在不健康状态下的具有第九型翼型的第一型人几乎与他们的情感和矛盾全然断绝了关系。

2. 2号：把自己当成“鼓舞家”

第一型人的气质和第二型人的气质在许多方面相互支撑。这两种类型的人都力求与超我的指令保持一致，力求依照被内化的价值之光成就自己，第一型人总想成为正直、没有偏私的人，第二型人总想成为无私的大爱之人。

处在健康状态下的具有第二型翼型的第一型人融合了宽容和同情、正直和关心他人，客观和热忱这一系列气质。

处在一般状态下的具有第二型翼型的第一型人充满善意，总想教说他人，这两者都来自其理想主义的责任感，以及想要对他人施加个人影响的欲望。

不健康状态下的具有第二型翼型的第一型人对那些与他们意见不一致的人缺乏宽容。他们总想在情感上操控他人，使他人因为没有达到应有的完美而觉得内疚。他们对于自己的动机有一种自我欺骗倾向，当动机或行为受到质疑时，他们就自认为行动正当和具有第九型翼型的第一型人一样，具有第二型翼型的第一型人也很容易消沉，但作为第二型翼型，他们更有可能表现出纵欲、吸毒或嗜酒，这与他们表达出来的价值观恰好完全相反。自欺和自以为是使他们的防御体系尤其难以被打破，他们身上有一种巨大的隐蔽的攻击性，这既来自第一型人身上被压抑的攻击性，也来自第二型人身上间接的攻击性。

【九型应用】

假如你是职场中的No.1

第一型的你以事业为中心，追求卓越，按本子办事，重视细节和全方位式管理。原则性有余，而灵活性不足，容易忽略他人的感受。

身处职场，我建议第一型的你这样做：

- 把“有效”而不是“正确”作为衡量标准。
- 把工作更多地委托给别人。
- 让自己快乐起来，让工作环境充满更轻松的氛围。

后　记

感恩宇宙，感恩九型，感恩老师

如果说人类的创造来源于人类的智慧，那人类的智慧又来源于哪里呢？

是的，你的想法是正确的。它来源于宇宙。

在本书的最后，我要感恩宇宙、感恩九型、感恩老师——

感恩宇宙给于我们的无限潜能，感谢日、月、星。

感恩九型人格智慧使我们将三大能量归一，找到通天的法门。

感恩所有帮助过支持过我的恩师，益友。

此次我通过国际九型人格创始人及各位老师（RussHudson，DonRichardRiso，AndreaIssac，GloriaHung，AndreaIssac）的引导，进行了一次真正意义上的深入的自我探索之旅。我把这个自我探索的过程称之为——觉醒。

觉醒是人类幸福与快乐的起源，因为觉醒后才是真我、本我，因此得到超我。觉醒的我对宇宙的能量身感惊叹，其实一切都在我们自己的身体里。原来我们会有不同的性格，因为我们必须在这个物质世界上存活下去。孩童在成长过程中，他们在家庭生活中所必须遵守的现实，与他们本体上对环境的信任产生了矛盾。个人性格的发展，正是为了保护原有的本体免受物质世界的伤害。这种建立防御机制来保护受威胁的本体也被称作“本体联系的遗失”，或者“本体堕落”。

我们会随着年龄的增长变成一个与众不同的自己，我们会拥有自己的智慧、兴趣和内心防御系统。最终，我们的注意力会集中到我们已经形成的特质上。而且随着注意力的转移，我们与周围环境和他人的本体关系渐渐遗忘，被归入到无意识的生活中……

我终于觉醒了。

当我们的注意力从内在联系转移到本体上时，我们就抛弃了我们的特性，以一个旁观者的身份去看待这个物欲横流的世界，这个从来没有让我们获得完全安宁的世界。在这个世界上生存，人们需要有成功的防御体系来保护自己，这很自然会与本体产生矛盾。

从那一刻开始我的觉醒感受到了宇宙的能量，更加热爱生活，更加关注人性，以及对知识对成长的强烈渴望，现在我已经停不下来前进的步伐。因为我有了由内而外的能量，我爱所有的人，也希望所有读者和我一起全力以赴地修炼，透过九型人格令所有的人都拥有更加美好的生活，并使这个世界更加的完整而不断的努力贡献，达成心性合一！